JN256756

基礎数学

II. 多変数関数の微積分

山本芳嗣 著

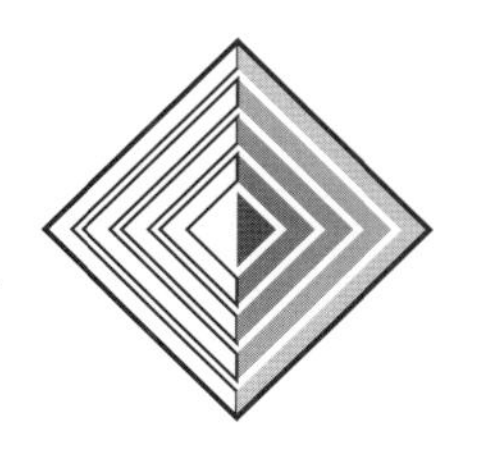

東京化学同人

はじめに

これまで理工系の１年生に多変数関数の微分と積分を教えてきました．学生諸君がそれまでに習ってきた数学の内容には結構ばらつきがあるうえ，数学の論理になじんでいない学生もいます．できるだけきちんと教えようと考えて，小さすぎる黒板を恨みながら，板書を繰返して証明に多くの時間を割くこともあります．しかし，私の話に付いてくるのを途中であきらめる学生が出始め，その結果成績が芳しくありません．やがて証明は概略だけを話すことが多くなりましたが，そうしても講義時間が足りません．そのうえ，“本当はこうなんだけれど，それが話せていない”という悔しさや罪の意識がおりのように心の底に溜まっていきます．そんなとき，この部分の証明はこの本を見て欲しい，この概念のさらなる発展はあの本を見て欲しいと，要所要所で参考文献をあげていますが，できれば手ごろなページ数の１冊を指定すれば済むようにしたいと思うようになりました．

そんなおりに今回のお話をいただいて，これまでの不便を解消することを目標に立て，屋上屋どころか屋下に屋を架す行為だと承知のうえで，筆を執りました．私と同じような思いを抱えて教壇に立っておられる方々のお役に立てばと考えて，ここに上梓する次第です．

本文中に“δ_k 達”，“集合の要素達”，“点 $\boldsymbol{a}_k$ 達”など“達”という接尾語を複数を表すために使っています．これは正確にかつわかりやすく話すことの重要性を教えてくださった私の恩師である故関根智明先生のお薦めです．先生の思い出のためにあえて一般的でないこの用法を採用しました．

東京化学同人の住田六連さん，中村沙季さん，初期の原稿に目を通してくれた学生諸君など，何人もの方にお世話になりました．ここに感謝の意を表します．

2015 年 10 月

山 本 芳 嗣

目　　　次

基礎数学

II. 多変数関数の微積分

1

位相，点列，極限，連続性

この章では多変数関数の極限や連続性を考えます．できるだけ n 変数 x_1, $x_2, \ldots, x_n$ の関数を対象にして話を進め，変数をまとめてベクトル $\boldsymbol{x}=(x_1, x_2, \ldots, x_n)$ で表します．本来は $\boldsymbol{x}$ を列ベクトルとして，転置記号 $\top$ を用いて $\boldsymbol{x}=(x_1, x_2, \ldots, x_n)^\top$ と書くべきなのですが，混乱を起こさないと思われるところでは転置記号を省略します．また証明や例などで記号が煩雑になるときには 2 変数関数を扱い，2 変数を x と y で表します．

まず上限などの概念を復習した後，関数の定義されている空間の位相の話に続いて点列とその極限，関数の極限，連続性と話を進め，第 2 章の伏線として最後に陰関数定理と逆関数定理を紹介します．

1・1　上界，最大値，上限

最初に上界，最大値，上限などの概念について復習しておきます．A を実数 $\mathbb{R}$ の部分集合とします．実数 a が A の**上界**であるとは，a が A に属するどの実数よりも大きいか等しいことをいいます．つまり

$$a \text{ は } A \text{ の\textbf{上界}である} \rightleftharpoons \forall x \in A \ x \leq a$$

です．同様に実数 b が A の**下界**であるとは

$$b \text{ は } A \text{ の\textbf{下界}である} \rightleftharpoons \forall x \in A \ x \geq b$$

をいいます．A の上界の全体を $U(A)$ と，下界の全体を $L(A)$ と書きます．$A=\emptyset$ の場合には $U(A)=L(A)=\mathbb{R}$ と定義しておきます．a が A の上界であれば $a \leq a'$ なる a' も当然 A の上界です．もしも，A と $U(A)$ の両方に属する実数があれば，これを A の**最大値**といい，$\max A$ と書きます．$A \cap U(A)=\emptyset$ なら**最大値がない**といいます．$U(A)$ の定義から，a が A の最大値であるとは

$$a \in A \ \wedge \ \forall x \in A \ x \leq a$$

のことです．ここで "$\wedge$" は "かつ" の意味です．この定義から最大値が存在すれば一意です．同様に最小値は $A \cap L(A)$ の実数で $\min A$ と書きます．

問題 1·1·1 最大値の一意性を示しなさい．

実数の性質から $U(A)$ が空集合とも $\mathbb{R}$ とも異なるときには $U(A)$ に最小値があります．これを A の**上限**といって，$\sup A$ で表します．

$$\sup A = \min U(A)$$

です．$\alpha = \sup A$ とすると，α が上界であることと，最小の上界であること，つまりそれからどんなに微小な実数を引いても上界でなくなることから

a) $\forall x \in A\ x \leq \alpha$

b) $\forall \varepsilon > 0\ \alpha - \varepsilon \notin U(A)$

が得られます．2 番目の条件の $\alpha - \varepsilon \notin U(A)$ は

b') $\forall \varepsilon > 0\ \exists a(\varepsilon) \in A : \alpha - \varepsilon < a(\varepsilon)$

と書けます．よって上限は上の a) と b') によって定義される実数となります．ここで，$a(\varepsilon)$ の (ε) は a が与えられた ε に依存してもよいことをはっきりと示すために書き加えてあります．**下限**についても同様に定義されます．

問題 1·1·2 下限の定義を書き下しなさい．

■ **明日へ 1·1·3** $\emptyset \neq U(A) \neq \mathbb{R}$ のとき $U(A)$ とその補集合 $\mathbb{R} \setminus U(A)$ はいずれも空集合でなく，またその間には

$$\forall x \in \mathbb{R} \setminus U(A)\ \forall y \in U(A)\ \ x < y$$

なる関係があります．空でない $X, Y \subseteq \mathbb{R}$ で $X \cup Y = \mathbb{R}$ かつ

$$\forall x \in X\ \forall y \in Y\ \ x < y$$

を満たす実数の部分集合の対 (X, Y) を**実数の切断**といいます[1)]．このとき Y に最小値があるかあるいは X に最大値があるかのいずれかが成り立つことが知られています．上記の $(\mathbb{R} \setminus U(A), U(A))$ は切断になっています．$\mathbb{R} \setminus U(A)$ に最大値 α が存在したとすると，$\alpha \notin U(A)$ ですから A の要素 a で $\alpha < a$ となるものがあります．このとき α と a の間の実数，たとえば $\beta = (\alpha + a)/2$ は $\beta > \alpha = \max \mathbb{R} \setminus U(A)$ から，

1）切断についてはたとえば，小松勇作，"無理数と極限"，共立出版（2009）の第 2 章，斎藤正彦，"数学の基礎—集合・数・位相"，東京大学出版会（2011）の第 1 章，田島一郎，"解析入門"，岩波全書（2002）の第 2 章などを見てください．

$\mathbb{R}\setminus U(A)$ に属さないし，$\beta < a \in A$ から $U(A)$ にも属さないことになり，矛盾を生じます．よって $\mathbb{R}\setminus U(A)$ に最大値はありません．したがって $U(A)$ に最小値があることが得られます．これが $\sup A$ です．

$D \subseteq \mathbb{R}^n$ で定義された関数 $f\colon D \to \mathbb{R}$ と $A \subseteq D$ に対して，f による A の**像**とは実数の集合

$$\{\, y \mid \exists \boldsymbol{x} \in A : y = f(\boldsymbol{x}) \,\}$$

をさし[1]，$f(A)$ で表します．図 1・1 では実数軸上の太線が $f(A)$ で，大括弧 "[" 以上の実数がその上界 $U(f(A))$ です．$f(A) \subseteq \mathbb{R}$ の上限を **f の A 上の上限**といい，$\sup_{\boldsymbol{x}\in A} f(\boldsymbol{x})$ と書きます．つまり

$$\sup_{\boldsymbol{x}\in A} f(\boldsymbol{x}) = \sup\{\, y \mid \exists \boldsymbol{x} \in A : y = f(\boldsymbol{x}) \,\} = \sup f(A)$$

です．下限，最大値，最小値も同様に像 $f(A)$ の下限，最大値，最小値と定義します．

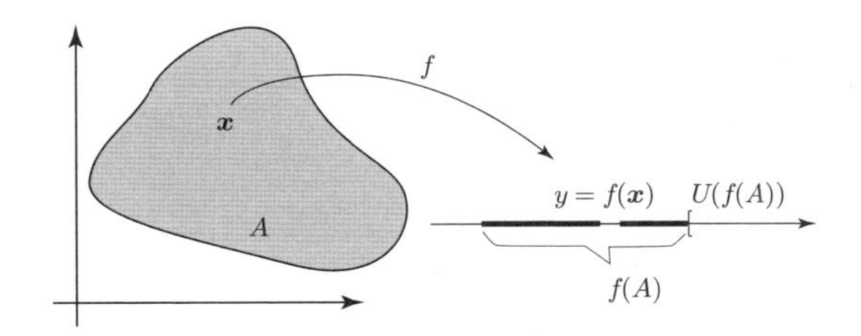

図 1・1　A の f による像 $f(A)$ とその上界 $U(f(A))$

1・2　$\mathbb{R}^n$ の位相と点列の極限

極限，連続性，多変数の微分や積分の話をするためには，関数の定義域である n 次元ユークリッド空間や点列についていくつかの概念を導入しておく必要があります．すでに知っている内容かも知れませんが，後の便宜のために手短に書いておきます．

ここでいう n 次元ユークリッド空間とは，n 次元実数ベクトル $\boldsymbol{x} = (x_1, x_2, \ldots, x_n)$ の集合で，下に定義する**ユークリッド距離**が定義されている空間です．以降，n 次元ユークリッド空間を $\mathbb{R}^n$ と表記します[2]．さて，2 点間のユークリッド距離とは 2 点を結ぶ直線分の長さです．つまり，2 点 $\boldsymbol{a} = (a_1, a_2, \ldots, a_n) \in \mathbb{R}^n$ と $\boldsymbol{b} = (b_1, b_2, \ldots, b_n) \in \mathbb{R}^n$ に対して

1）この集合は $\{\, f(\boldsymbol{x}) \mid \boldsymbol{x} \in A \,\}$ と書くこともあります．
2）本来は定義されている距離 d も合わせて，$(\mathbb{R}^n, d)$ と書くべきですが，d を省略します．

$$d(\boldsymbol{a},\boldsymbol{b})=\sqrt{\sum_{i=1}^{n}|a_i-b_i|^2}$$

で定義される非負の実数がユークリッド距離です．図 1･2 に $n=2$ の場合を示しておきます．この d は任意の $\boldsymbol{a},\boldsymbol{b},\boldsymbol{c}\in\mathbb{R}^n$ について以下の性質をもちます．それぞれ，距離は負にならない，距離がゼロである 2 点は同一の点，距離はどちらから測っても同じという意味です．最後の不等式はいわゆる三角形の 2 辺の長さの和は他の 1 辺よりも短くないという式で，**三角不等式**とよばれます．

a)　$d(\boldsymbol{a},\boldsymbol{b})\geq 0$

b)　$d(\boldsymbol{a},\boldsymbol{b})=0 \Leftrightarrow \boldsymbol{a}=\boldsymbol{b}$

c)　$d(\boldsymbol{a},\boldsymbol{b})=d(\boldsymbol{b},\boldsymbol{a})$

d)　$d(\boldsymbol{a},\boldsymbol{b})+d(\boldsymbol{b},\boldsymbol{c})\geq d(\boldsymbol{a},\boldsymbol{c})$

距離は $\mathbb{R}^n$ の一対の点に対して定義されていますので，その定義域は $\mathbb{R}^n$ と $\mathbb{R}^n$ 自身との直積 $\mathbb{R}^n\times\mathbb{R}^n$ で，値域は非負の実数 $\mathbb{R}_+$ です．実は，上の 4 つの性質をもつ関数 $d\colon \mathbb{R}^n\times\mathbb{R}^n\to\mathbb{R}_+$ を一般に**距離**とよび，上の性質は**距離の公理**とよばれます．

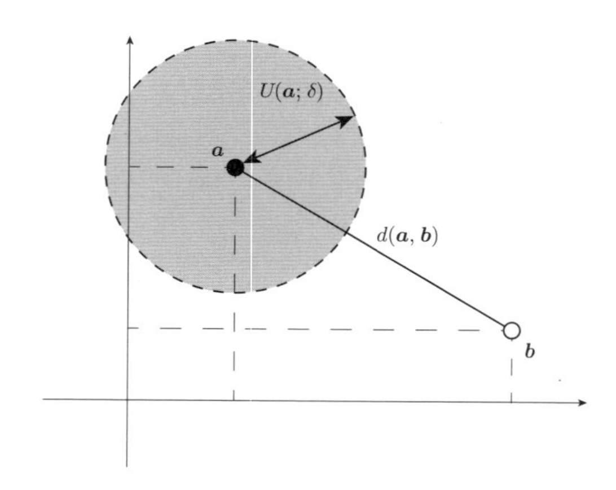

図 1･2　ユークリッド距離 $d(\boldsymbol{a},\boldsymbol{b})$ と近傍 $U(\boldsymbol{a};\delta)$

また，正の実数 δ に対して点 $\boldsymbol{a}\in\mathbb{R}^n$ から距離が δ 未満である点の全体を点 $\boldsymbol{a}$ の δ–**近傍**といい $U(\boldsymbol{a};\delta)$ で表します．つまり

$$U(\boldsymbol{a};\delta)=\{\,\boldsymbol{x}\mid \boldsymbol{x}\in\mathbb{R}^n;\ d(\boldsymbol{x},\boldsymbol{a})<\delta\,\}$$

です．$U(\boldsymbol{a};\delta)$ は $n=1$ なら開区間 $(a-\delta,a+\delta)$ で，$n=2$ なら図 1･2 で灰色で示し

た $\boldsymbol{a}$ を中心にもつ半径 δ の円の内部です．また $\boldsymbol{a}$ の δ–近傍 $U(\boldsymbol{a};\delta)$ から点 $\boldsymbol{a}$ 自身を取除いた集合を $\boldsymbol{a}$ の**除外近傍**とよび，右肩に $\circ$ を乗せて

$$U^\circ(\boldsymbol{a};\delta)=U(\boldsymbol{a};\delta)\setminus\{\boldsymbol{a}\}$$

で表します．これは $U^\circ(\boldsymbol{a};\delta)=\{\,\boldsymbol{x}\,|\,\boldsymbol{x}\in\mathbb{R}^n;\,0<d(\boldsymbol{x},\boldsymbol{a})<\delta\,\}$ とも書けます．

$\mathbb{R}^n$ の点 $\boldsymbol{x}=(x_1,x_2,\ldots,x_n)$ に対してその大きさを表す量として**ユークリッドノルム**を

$$\|\boldsymbol{x}\|_2=\sqrt{\sum_{i=1}^{n}|x_i|^2}$$

と定義すると，先ほどのユークリッド距離は

$$d(\boldsymbol{a},\boldsymbol{b})=\|\boldsymbol{a}-\boldsymbol{b}\|_2$$

となります．

実数 $p\geq 1$ に対して

$$\|\boldsymbol{x}\|_p=\Bigl(\sum_{i=1}^{n}|x_i|^p\Bigr)^{1/p}$$

は p–**ノルム**とよばれており，

a)　$\|\boldsymbol{a}\|_p\geq 0$

b)　$\|\boldsymbol{a}\|_p=0\Leftrightarrow\boldsymbol{a}=\boldsymbol{0}$

c)　$\|\alpha\boldsymbol{a}\|_p=|\alpha|\|\boldsymbol{a}\|_p$

d)　$\|\boldsymbol{a}\|_p+\|\boldsymbol{b}\|_p\geq\|\boldsymbol{a}+\boldsymbol{b}\|_p$

が成り立ちます．ここで，α は実数です．$p=1$ とすると

$$\|\boldsymbol{a}\|_1=\sum_{i=1}^{n}|a_i|$$

ですし，

$$\lim_{p\to\infty}\|\boldsymbol{a}\|_p=\max_{i=1,2,\ldots,n}|a_i|$$

がわかります．この性質から上式右辺のノルムは**無限大ノルム**とよばれ，$\|\boldsymbol{a}\|_\infty$ と表記されます．また，上記の a)〜d) の条件を満たす非負実数を値としてとる $\mathbb{R}^n$ 上の関数を一般的に**ノルム**と定義します．任意に与えられたノルム $\|\cdot\|$ から $\rho\colon\mathbb{R}^n\times\mathbb{R}^n\to\mathbb{R}_+$ を

$$\rho(\boldsymbol{a},\boldsymbol{b})=\|\boldsymbol{a}-\boldsymbol{b}\|\qquad(1\text{・}1)$$

と定義すると, ρ は距離の公理を満たすことは容易に確かめられます. 無限に多くの異なるノルムがありますが, 任意に 2 つのノルム $\|\cdot\|$ と $\|\cdot\|'$ をもってくると, どのような $\boldsymbol{a}\in\mathbb{R}^n$ に対しても

$$\|\boldsymbol{a}\|\leq\alpha\|\boldsymbol{a}\|' \quad \wedge \quad \|\boldsymbol{a}\|'\leq\beta\|\boldsymbol{a}\|$$

が成り立つような, そんな 2 つの実数 α と β が存在します. この性質を**ノルムの同値性**といいます. この性質のお陰でノルムやノルムから導かれた距離 (1·1) を使って収束などの議論をする場合には, どのノルム, どの距離を使っても同じ結果となります. ですから場合に応じて使いやすいものを使って議論することが許されます. 以降ではほとんどの場合ユークリッドノルム $\|\cdot\|_2$ を用いますので, 添字の 2 を省略して単に $\|\cdot\|$ と書きます.

■ **定義 1·2·1**　$\mathbb{R}^n$ の部分集合 A が**有界集合**であるとは, $\boldsymbol{a}\in\mathbb{R}^n$ と実数 r が存在して, それが決める近傍 $U(\boldsymbol{a};r)$ に A が含まれることをいう. つまり

$$A \text{ は有界集合である} \rightleftharpoons \exists\boldsymbol{a}\in\mathbb{R}^n\,\exists r\in\mathbb{R}: A\subseteq U(\boldsymbol{a};r)$$

つまり, 何らかの点 $\boldsymbol{a}$ を中心とする大きな球（1 次元なら開区間, 2 次元なら円）に A がすっぽり含まれるようにできることをいっています. もちろん, $\boldsymbol{a}$ としていつでも原点がとれますので,

$$A \text{ は有界集合である} \rightleftharpoons \exists r\in\mathbb{R}: A\subseteq U(\mathbf{0};r)$$

としても同じことです.

以降では $\mathbb{R}^n\setminus A=\{\boldsymbol{x}\,|\,\boldsymbol{x}\in\mathbb{R}^n, \boldsymbol{x}\notin A\}$ を A の**補集合**とよび, A^c で表します.

■ **定義 1·2·2**　a)　$A\subseteq\mathbb{R}^n$ の点 $\boldsymbol{a}$ が A の**内点**であるとは, その近傍 $U(\boldsymbol{a};\delta)$ が A に含まれるような正の δ が存在することをいう. つまり

$$\boldsymbol{a} \text{ は } A \text{ の内点である} \rightleftharpoons \exists\delta>0: U(\boldsymbol{a};\delta)\subseteq A$$

また A の内点の全体を A の**開核**とよび $\operatorname{int}A$ で表す. つまり

$$\operatorname{int}A=\{\boldsymbol{x}\,|\,\exists\delta>0: U(\boldsymbol{x};\delta)\subseteq A\}$$

である.

b)　A の補集合 A^c の内点を A の**外点**とよぶ. つまり

$$\begin{aligned}\boldsymbol{a} \text{ は } A \text{ の外点である} &\rightleftharpoons \exists\delta>0: U(\boldsymbol{a};\delta)\subseteq A^c\\ &\Leftrightarrow \exists\delta>0: U(\boldsymbol{a};\delta)\cap A=\emptyset\end{aligned}$$

c)　点 $\boldsymbol{a}$ が A の**境界点**であるとは

$$\forall\delta>0\ U(\boldsymbol{a};\delta)\cap A\neq\emptyset \wedge U(\boldsymbol{a};\delta)\cap A^c\neq\emptyset$$

を満たすことをいう．A の境界点の全体を $\mathrm{bd}\,A$ で表し A の**境界**とよぶ．

$\boldsymbol{a}\in U(\boldsymbol{a};\delta)$ ですから $\mathrm{int}\,A\subseteq A$ となることは明らかです．たとえば，A として原点の r–近傍 $U(\boldsymbol{0};r)$ を考えます．A から任意に点 $\boldsymbol{a}$ をとると，$d(\boldsymbol{a},\boldsymbol{0})<r$ ですから，δ として $0<\delta<r-d(\boldsymbol{a},\boldsymbol{0})$ を満たす実数をとれば，$U(\boldsymbol{a};\delta)$ の任意の点 $\boldsymbol{x}$ について

$$d(\boldsymbol{x},\boldsymbol{0})\leq d(\boldsymbol{x},\boldsymbol{a})+d(\boldsymbol{a},\boldsymbol{0})<\delta+d(\boldsymbol{a},\boldsymbol{0})<r$$

となり，$U(\boldsymbol{a};\delta)\subseteq U(\boldsymbol{0};r)$ がわかります．よって $U(\boldsymbol{0};r)$ の任意の点 $\boldsymbol{a}$ は $U(\boldsymbol{0};r)$ の内点となります．つまり $\mathrm{int}\,U(\boldsymbol{0};r)=U(\boldsymbol{0};r)$ となります．また $\mathrm{bd}\,U(\boldsymbol{0};r)=\{\boldsymbol{x}\mid d(\boldsymbol{x},\boldsymbol{0})=r\}$ です．

■ **定義 1・2・3**（開集合）　$\mathrm{int}\,A=A$ であるとき A は**開集合**であるという．

この定義から $\mathbb{R}^n$ 自身も空集合 $\emptyset$ も開集合です．さらに点 $\boldsymbol{a}$ の r–近傍 $U(\boldsymbol{a};r)$ も開集合ですので，これは**開近傍**とよばれることもあります．

■ **定義 1・2・4**（閉集合）　A の補集合 A^c が開集合であるとき，A は**閉集合**であるという．

$\mathbb{R}^n=\mathbb{R}^n\setminus\emptyset$ と $\emptyset=\mathbb{R}^n\setminus\mathbb{R}^n$ ですから開集合 $\mathbb{R}^n$ と $\emptyset$ は同時に閉集合でもあります．また，閉集合 A について

$$\begin{aligned}\boldsymbol{b}\notin A\Leftrightarrow\boldsymbol{b}\in A^c&\Rightarrow\exists\delta>0:U(\boldsymbol{b};\delta)\subseteq A^c\\&\Leftrightarrow\exists\delta>0:U(\boldsymbol{b};\delta)\cap A=\emptyset\end{aligned}$$

ですから，この対偶をとると A が閉集合であることの同値な定義

$$\langle\forall\delta>0\ U(\boldsymbol{a};\delta)\cap A\neq\emptyset\rangle\Rightarrow\langle\boldsymbol{a}\in A\rangle$$

が得られます．つまり，点 $\boldsymbol{a}$ の周りにどんな小さな近傍 $U(\boldsymbol{a};\delta)$ を描いても必ずそれが A と交わりをもってしまうようなときには，そもそも点 $\boldsymbol{a}$ は A に属していた，そんな集合が閉集合です．なお，上の式の条件

$$\forall\delta>0\ U(\boldsymbol{a};\delta)\cap A\neq\emptyset$$

を満たす点 $\boldsymbol{a}$ は集合 A の**触点**とよばれます．つまり，

$$\text{点 }\boldsymbol{a}\text{ は集合 }A\text{ の触点である}\ \rightleftharpoons\ \forall\delta>0\ U(\boldsymbol{a};\delta)\cap A\neq\emptyset$$

です．点 $\boldsymbol{a}$ のどんな近くにも A の点があるわけですから A に接触しているという

気分です．もちろん A の点 $\boldsymbol{a}$ は $\boldsymbol{a}\in U(\boldsymbol{a};\delta)\cap A$ ですから A の触点ですが，触点は A の点であるとは限りません．

また任意の $\delta>0$ に対して除外近傍 $U^\circ(\boldsymbol{a};\delta)$ が A と交わりをもつとき，$\boldsymbol{a}$ は A の**集積点**とよばれます．つまり

$$\text{点 } \boldsymbol{a} \text{ は集合 } A \text{ の集積点である} \rightleftharpoons \forall\delta>0\; U^\circ(\boldsymbol{a};\delta)\cap A\neq\emptyset$$

です．$\boldsymbol{a}$ が A の集積点なら，$\boldsymbol{a}$ の 1–除外近傍 $U^\circ(\boldsymbol{a};1)$ に含まれる A の点 $\boldsymbol{a}_1$ があり，それは $\boldsymbol{a}$ とは異なっていますから，両者の距離 $d(\boldsymbol{a},\boldsymbol{a}_1)$ は正です．ですから $\delta=d(\boldsymbol{a},\boldsymbol{a}_1)$ とすると $U^\circ(\boldsymbol{a};\delta)$ に含まれる A の点を $\boldsymbol{a}_2$ としてもってこられます．$d(\boldsymbol{a},\boldsymbol{a}_2)<\delta=d(\boldsymbol{a},\boldsymbol{a}_1)$ ですから $\boldsymbol{a}_2\neq\boldsymbol{a}_1$ です．この操作を続けると，$\boldsymbol{a}$ のいくらでも近くに無限に多くの A の点があることがわかります．これが“集積”という名称の理由です．A の集積点の全体を A^l で表します．また，A の**孤立点**を下のように定義します．

$$\text{点 } \boldsymbol{a} \text{ は集合 } A \text{ の孤立点である} \rightleftharpoons \boldsymbol{a}\in A\wedge\exists\delta>0 : U^\circ(\boldsymbol{a};\delta)\cap A=\emptyset$$

右辺の条件は $\exists\delta>0 : U(\boldsymbol{a};\delta)\cap A=\{\boldsymbol{a}\}$ としても同じことです．

問題 1·2·5 任意の $\delta>0$ に対して点 $\boldsymbol{a}$ の δ–近傍 $U(\boldsymbol{a};\delta)$ が A の点を無限個もつことは点 $\boldsymbol{a}$ が A の集積点であるための必要十分な条件であることを示しなさい．

定義から集積点は触点ですが，逆は正しくありません．たとえば 1 点 $\boldsymbol{a}$ からなる集合 $A=\{\boldsymbol{a}\}$ は集積点をもちませんが，$\boldsymbol{a}$ はこの集合の触点です．ただし，後で点列に対して集積点を定義しますが，それは少し異なりますので注意してください．

A の触点の全体を $\bar{A}$ と書くことにします．式で書くと

$$\bar{A}=\{\,\boldsymbol{a}\,|\,\forall\delta>0\; U(\boldsymbol{a};\delta)\cap A\neq\emptyset\}$$

です．これは A の**閉包**とよばれ，以下のような性質があります．

■ 補助定理 1·2·6

a) $A\subseteq\bar{A}$

b) $A\subseteq B\Rightarrow\bar{A}\subseteq\bar{B}$

c) $\overline{(\bar{A})}=\bar{A}$

d) $\overline{A\cup B}=\bar{A}\cup\bar{B}$

[証明] a) と b) は定義から明らかです．a) から $\bar{A}\subseteq\overline{(\bar{A})}$ ですから c) を示すには $\overline{(\bar{A})}\subseteq\bar{A}$ を示せばよいので，これを示すために $\boldsymbol{x}\in\overline{(\bar{A})}$ と仮定し，δ を任意に与えら

れた正の実数とします．その半分 $\delta/2$ も正の実数ですから，$\boldsymbol{x}\in\overline{(\bar{A})}$ より

$$U(\boldsymbol{x};\delta/2)\cap\bar{A}\neq\emptyset$$

です．点 $\boldsymbol{b}$ を $U(\boldsymbol{x};\delta/2)\cap\bar{A}$ から任意にもってくると $\boldsymbol{b}\in\bar{A}$ より

$$U(\boldsymbol{b};\delta/2)\cap A\neq\emptyset$$

です．ここで点 $\boldsymbol{a}$ を $U(\boldsymbol{b};\delta/2)\cap A$ からとってくると

$$d(\boldsymbol{x},\boldsymbol{a})\leq d(\boldsymbol{x},\boldsymbol{b})+d(\boldsymbol{b},\boldsymbol{a})<\delta/2+\delta/2=\delta$$

となって，δ の任意性から $\boldsymbol{x}\in\bar{A}$ が示せます．d) は問題に残しておきます． □

問題 1・2・7 $\overline{A\cup B}=\bar{A}\cup\bar{B}$ を示しなさい．また，$\overline{A\cap B}=\bar{A}\cap\bar{B}$ が成り立たない例を示しなさい．

以上のことから，閉集合とはその閉包が自分自身と一致する集合，つまり $A=\bar{A}$ を満たす集合といい換えてもよいことになります．

■ **補助定理 1・2・8**

a) $A_1,A_2,\ldots,A_K$ を有限個の開集合とすると，その和集合 $\bigcup_{k=1}^{K}A_k$ と積集合 $\bigcap_{k=1}^{K}A_k$ はいずれも開集合である．

b) $B_1,B_2,\ldots,B_K$ を有限個の閉集合とすると，その和集合 $\bigcup_{k=1}^{K}B_k$ と積集合 $\bigcap_{k=1}^{K}B_k$ はいずれも閉集合である．

[証明] 点 $\boldsymbol{a}\in\bigcup_{k=1}^{K}A_k$ を任意にとってくると，和集合の定義から $\boldsymbol{a}\in A_k$ となる k が存在します．この A_k は開集合ですから，この $\boldsymbol{a}$ に対して

$$U(\boldsymbol{a};\delta)\subseteq A_k$$

となる $\delta>0$ が存在します．明らかにこの δ–近傍は $\bigcup_{k=1}^{K}A_k$ に含まれますので，和集合が開集合になることがわかります．一方，積集合 $\bigcap_{k=1}^{K}A_k$ から点 $\boldsymbol{a}$ を任意にとってくると，すべての $k=1,2,\ldots,K$ について $\boldsymbol{a}\in A_k$ ですから，A_k が開集合であることから，各 k について

$$U(\boldsymbol{a};\delta_k)\subseteq A_k$$

となる $\delta_1,\delta_2,\ldots,\delta_K$ があります．この δ_k 達の最小のものを δ とします．つまり，$\delta=\min\{\,\delta_k\,|\,k=1,2,\ldots,K\,\}$ です．これは有限個の正の実数の最小値ですからやはり正の実数です．しかも，$\boldsymbol{a}$ の δ–近傍 $U(\boldsymbol{a};\delta)$ はどの k についても

$$U(\boldsymbol{a};\delta)\subseteq U(\boldsymbol{a};\delta_k)$$

ですから，結局 $U(\boldsymbol{a};\delta)\subseteq A_k$ がどの k についても成り立ち，よって

$$U(\boldsymbol{a};\delta)\subseteq\bigcap_{k=1}^{K}A_k$$

が得られ，証明が終わります．

閉集合は開集合の補集合ですから，各 $k=1,2,\ldots,K$ について $B_k=A_k^c$ となる開集合 A_k があります．また，$\bigcup_{k=1}^{K}B_k=\left(\bigcap_{k=1}^{K}A_k\right)^c$ ですから[1]，$\bigcap_{k=1}^{K}A_k$ が開集合であることから，$\bigcup_{k=1}^{K}B_k$ は閉集合になります．同様に $\bigcap_{k=1}^{K}B_k=\left(\bigcup_{k=1}^{K}A_k\right)^c$ から $\bigcap_{k=1}^{K}B_k$ も閉集合になることがわかります． □

有限個の開集合の和集合が開集合であることを示した上の証明では，有限個であることを使っていません．ですから次の補助定理もすぐにわかります．

■ **補助定理 1･2･9**　開集合の和集合（無限個の場合でも）は開集合であり，閉集合の積集合（無限個の場合でも）は閉集合である．

ただし，無限個の開集合の積集合は開集合になるとは限りません．たとえば $A_k=\{x\,|\,x\in\mathbb{R},0<x<1+1/k\}$ は $\mathbb{R}$ の開集合ですが，その積集合 $\bigcap_{k=1}^{\infty}A_k$ は $\{x\,|\,x\in\mathbb{R},0<x\leq 1\}$ となって，これは開集合ではありません．同様に無限個の閉集合の和集合は閉集合になるとは限りません．

問題 1･2･10　$\bigcap_{k=1}^{\infty}A_k=\{x\,|\,x\in\mathbb{R},0<x\leq 1\}$ を示しなさい．

■ **明日へ 1･2･11**　$\mathbb{R}^n$ の開集合を全部集めてつくった集合の族を $\mathcal{F}$ で表します．$\mathcal{F}$ から任意個数の集合を任意に選んでくると，その和集合も開集合になりますから，$\mathcal{F}$ に属します．この意味で，$\mathcal{F}$ は和集合演算について閉じているといいます．開集合の族は有限個の積集合演算についても閉じています．同様に閉集合の族は積集合演算について閉じており，有限個の和集合演算について閉じています．一般に，ある集合の要素達に対してある演算を施した結果が再びその集合に属するときに，その集合はその**演算に関して閉じている**といいます．

X を空でない任意の集合とし，その部分集合の族 $\mathcal{O}$ が

a)　$\emptyset\in\mathcal{O}, X\in\mathcal{O}$

b)　$O_1,O_2\in\mathcal{O}\Rightarrow O_1\cap O_2\in\mathcal{O}$

c)　$\langle\forall\lambda\in\Lambda\, O_\lambda\in\mathcal{O}\rangle\Rightarrow\bigcup_{\lambda\in\Lambda}O_\lambda\in\mathcal{O}$

---

1) これは**ド・モルガンの法則**として知られている関係で，肩に乗った補集合をとる演算 $(\ )^c$ を ( ) 内の集合に分配すると，和集合演算が積集合演算に，積集合演算が和集合演算に変わります．2 集合の場合は，$A^c\cup B^c=(A\cap B)^c$ と $A^c\cap B^c=(A\cup B)^c$ が成り立ちます．

を満たすとき族 $\mathcal{O}$ は X の**位相**を定めるといいます．ここで Λ は有限あるいは無限の添字集合です．このとき $\mathcal{O}$ を位相空間 X の**開集合系**といいます．補助定理1・2・8 と 1・2・9 からわかるように δ–近傍を用いて定義した $\mathbb{R}^n$ の開集合の族はこの条件を満たし，よって $\mathbb{R}^n$ の位相を定めます．

一方，$\mathcal{O}$ のそれぞれの集合の補集合を集めた族 $\mathcal{C}=\{O^c \mid O\in\mathcal{O}\}$ は

a)　$\emptyset\in\mathcal{C}, X\in\mathcal{C}$

b)　$C_1, C_2\in\mathcal{C}\Rightarrow C_1\cup C_2\in\mathcal{C}$

c)　$\langle\forall\lambda\in\Lambda\, C_\lambda\in\mathcal{C}\rangle\Rightarrow\bigcap_{\lambda\in\Lambda} C_\lambda\in\mathcal{C}$

を満たします．$\mathcal{C}$ を位相空間 X の**閉集合系**といいます．同じ補助定理から $\mathbb{R}^n$ の閉集合の族がこの性質をもつこともわかります．また $\mathcal{C}$ の集合の補集合を集めれば $\mathcal{O}$ に戻ることも明らかですから，その意味で $\mathcal{C}$ も $\mathcal{O}$ と同じ位相を定めるといえます．位相は，**近傍系**や**閉包演算**を与えることによっても定めることができます[1)]．

点列とその収束の話に移ります．以降 $\mathbb{N}$ で自然数の全体 $\{1,2,3,\ldots\}$ を表します．$\mathbb{R}^n$ の**点列**とはこの $\mathbb{N}$ の要素を添字にもつ $\mathbb{R}^n$ の点達 $\boldsymbol{a}_1,\boldsymbol{a}_2,\ldots,\boldsymbol{a}_k,\boldsymbol{a}_{k+1},\ldots$ をいいます．これを $\{\boldsymbol{a}_k\}_{k=1,2,\ldots}$，$\{\boldsymbol{a}_k\}_{k\in\mathbb{N}}$ あるいは単に $\{\boldsymbol{a}_k\}$ と書くことにします．

■ **定義 1・2・12**（点列の収束）　$\mathbb{R}^n$ の点列 $\{\boldsymbol{a}_k\}_{k\in\mathbb{N}}$ と $\boldsymbol{a}\in\mathbb{R}^n$ が

$$\forall\varepsilon>0\ \exists K(\varepsilon)\in\mathbb{N}: k\geq K(\varepsilon)\Rightarrow\boldsymbol{a}_k\in U(\boldsymbol{a};\varepsilon)$$

を満たすとき，点列 $\{\boldsymbol{a}_k\}_{k\in\mathbb{N}}$ は $\boldsymbol{a}$ に**収束**するといい，

$$\boldsymbol{a}=\lim_{k\to\infty}\boldsymbol{a}_k$$

と書く[2)]．また，このような $\boldsymbol{a}$ が存在する点列を**収束点列**とよぶ．

上の定義で単に "$\forall\varepsilon>0\,\exists K\in\mathbb{N}$" と書いても，その順序から K は ε に依存してよいことがわかりますが，それをよりはっきりと示すために K に (ε) を添えています．以上の定義から，どの k についても $\boldsymbol{a}_k=\boldsymbol{a}$ であるような**停留点列**とよばれる点列は明らかの収束点列になります．

---

1) 位相空間の詳しい話は，河野伊三郎，"復刊 位相空間論"，共立出版（2009）を見てください．学生のころに読んで好きになった本の一つです．

2) この定義を読んでみます．この定義には 2 人の登場人物がいます．ε の値を叫ぶイプシロンと，それに応じて自然数 $K(\varepsilon)$ の存在を主張するケイです．イプシロンが "私は ε 以上離れた 2 点を見分けることができる" というと，ケイは "そんなあなたでも $K(\varepsilon)$ 以降の $\boldsymbol{a}_k$ と $\boldsymbol{a}$ を見分けることはできないぞ" と主張します．この主張がどんなに目の良いイプシロン，つまりどんなに小さな ε，を相手にしても常に可能であるというのが，収束の定義の意味です．

点列の収束先は一意です．なぜなら，点列 $\{\boldsymbol{a}_k\}_{k\in\mathbb{N}}$ が異なる 2 点 $\boldsymbol{a}$ と $\boldsymbol{a}'$ とに同時に収束したと仮定すると，距離の定義から $d(\boldsymbol{a},\boldsymbol{a}')>0$ ですから，$\varepsilon=d(\boldsymbol{a},\boldsymbol{a}')/2$ とすると $\varepsilon>0$ です．この ε に対して

$$\exists K(\varepsilon)\in\mathbb{N}: k\geq K(\varepsilon) \Rightarrow \boldsymbol{a}_k\in U(\boldsymbol{a};\varepsilon)$$
$$\exists K'(\varepsilon)\in\mathbb{N}: k\geq K'(\varepsilon) \Rightarrow \boldsymbol{a}_k\in U(\boldsymbol{a}';\varepsilon)$$

が得られます．すると $k\geq\max\{K(\varepsilon),K'(\varepsilon)\}$ なる k について

$$d(\boldsymbol{a},\boldsymbol{a}')\leq d(\boldsymbol{a},\boldsymbol{a}_k)+d(\boldsymbol{a}',\boldsymbol{a}_k)<\varepsilon+\varepsilon=d(\boldsymbol{a},\boldsymbol{a}')$$

が得られ $d(\boldsymbol{a},\boldsymbol{a}')<d(\boldsymbol{a},\boldsymbol{a}')$ となって矛盾を生じます．

$\mathbb{R}^n$ の点列の収束は，距離関数 d を使って点の間の近さを実数値で表現することによって定義されています．一方，点 $\boldsymbol{a}\in\mathbb{R}^n$ は n 個の座標をもちますので，座標ごとの収束との関連にもふれておきます．

■ **補助定理 1·2·13**

a)
$$\boldsymbol{a}=\lim_{k\to\infty}\boldsymbol{a}_k \Leftrightarrow \lim_{k\to\infty}d(\boldsymbol{a},\boldsymbol{a}_k)=0$$

である．

b) 点 $\boldsymbol{a}$ の第 i 要素を $(\boldsymbol{a})_i$ で表し，点列 $\{\boldsymbol{a}_k\}_{k\in\mathbb{N}}$ の各点の第 i 要素からなる数列を $\{(\boldsymbol{a}_k)_i\}_{k\in\mathbb{N}}$ で表すと

$$\boldsymbol{a}=\lim_{k\to\infty}\boldsymbol{a}_k \Leftrightarrow \forall i=1,2,\ldots,n\ (\boldsymbol{a})_i=\lim_{k\to\infty}(\boldsymbol{a}_k)_i$$

である．

[証明] a) は定義から明らかです．b) を示すには任意の $\boldsymbol{a},\boldsymbol{b}\in\mathbb{R}^n$ と任意の $i=1,2,\ldots,n$ について

$$|(\boldsymbol{a})_i-(\boldsymbol{b})_i|\leq d(\boldsymbol{a},\boldsymbol{b})\leq\sum_{i=1}^{n}|(\boldsymbol{a})_i-(\boldsymbol{b})_i|$$

が成り立つことに注意します[1)]．$\boldsymbol{a}=\lim_{k\to\infty}\boldsymbol{a}_k$ ならば，任意の $\varepsilon>0$ に対して $k\geq K(\varepsilon)$ なら $d(\boldsymbol{a},\boldsymbol{a}_k)<\varepsilon$ となる $K(\varepsilon)$ が存在しますから，同じ $K(\varepsilon)$ に対して $|(\boldsymbol{a})_i-(\boldsymbol{a}_k)_i|<\varepsilon$ が得られます．逆に $(\boldsymbol{a})_i=\lim_{k\to\infty}(\boldsymbol{a}_k)_i$ なら任意の $\varepsilon>0$ に対して $k\geq K_i(\varepsilon)$ なら $|(\boldsymbol{a})_i-(\boldsymbol{a}_k)_i|<\varepsilon/n$ となる $K_i(\varepsilon)$ がありますから，$K(\varepsilon)=\max\{K_i(\varepsilon)\,|\,i=1,2,\ldots,n\}$ とすれば $d(\boldsymbol{a},\boldsymbol{a}_k)<\varepsilon$ が $k\geq K(\varepsilon)$ で成り立ちます．

□

1) p–ノルムの定義を思い出せば，右辺の $\sum_{i=1}^{n}|(\boldsymbol{a})_i-(\boldsymbol{b})_i|$ は $\boldsymbol{a}-\boldsymbol{b}$ の 1–ノルム $\|\boldsymbol{a}-\boldsymbol{b}\|_1$ です．

■ **定義 1・2・14**（コーシー点列）　点列 $\{\boldsymbol{a}_k\}_{k\in\mathbb{N}}$ が

$$\forall\varepsilon>0\ \exists K(\varepsilon)\in\mathbb{N}: k,k'\geq K(\varepsilon)\Rightarrow d(\boldsymbol{a}_k,\boldsymbol{a}_{k'})<\varepsilon$$

を満たすとき**コーシー**[1]**点列**あるいは**基本点列**であるという．

この定義の "$\forall\varepsilon>0\ \exists K(\varepsilon)\in\mathbb{N}$" の部分は先ほどの収束の定義と同じ形ですが，それに続く "$k,k'\geq K(\varepsilon)\Rightarrow d(\boldsymbol{a}_k,\boldsymbol{a}_{k'})<\varepsilon$" が異なっています．ここには収束先である点 $\boldsymbol{a}$ が登場していません．$K(\varepsilon)$ より後に来る 2 つの点 $\boldsymbol{a}_k$ と $\boldsymbol{a}_{k'}$ をどのようにもってきてもその距離 $d(\boldsymbol{a}_k,\boldsymbol{a}_{k'})$ が ε より小さいことが要請されています．つまり $K(\varepsilon)$ を K と略記すると

$$\begin{array}{llll} d(\boldsymbol{a}_K,\boldsymbol{a}_{K+1}), & d(\boldsymbol{a}_K,\boldsymbol{a}_{K+2}), & d(\boldsymbol{a}_K,\boldsymbol{a}_{K+3}), & \cdots \\ d(\boldsymbol{a}_{K+1},\boldsymbol{a}_{K+2}), & d(\boldsymbol{a}_{K+1},\boldsymbol{a}_{K+3}), & d(\boldsymbol{a}_{K+1},\boldsymbol{a}_{K+4}), & \cdots \\ d(\boldsymbol{a}_{K+2},\boldsymbol{a}_{K+3}), & d(\boldsymbol{a}_{K+2},\boldsymbol{a}_{K+4}), & d(\boldsymbol{a}_{K+2},\boldsymbol{a}_{K+5}), & \cdots \\ \vdots & \vdots & \vdots & \end{array}$$

の全部が ε 未満であることが要請されている訳です．図 1・3 に $K(\varepsilon)$ 以降の添字をもつ点 $\boldsymbol{a}_k$ 達が固まっている感じを描きました．当然この要請は $K(\varepsilon)$ 以降の連続した点 $\boldsymbol{a}_k$ と $\boldsymbol{a}_{k+1}$ の距離が小さくなることよりも強い要請です．たとえば数列 $\{a_k\}_{k\in\mathbb{N}}$ を $a_k=\sum_{i=1}^{k}1/i$ で定義すると[2]，$|a_k-a_{k+1}|=1/(k+1)$ となりますが，この数列は収束せず，無限大に発散します．

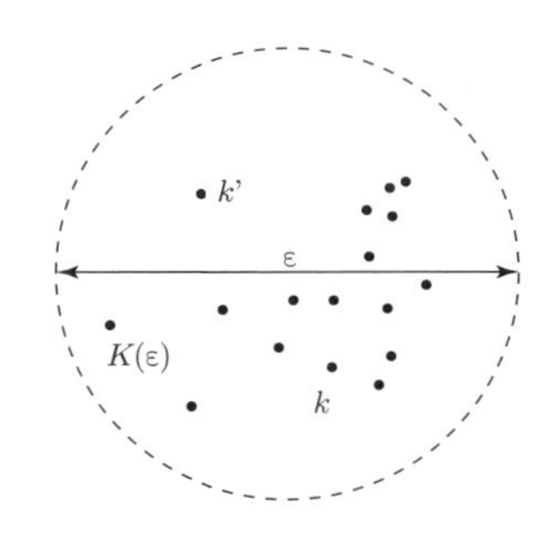

図 1・3　コーシー点列のイメージ

点列 $\{\boldsymbol{a}_k\}_{k\in\mathbb{N}}$ に対して K 以降で点列がどの程度振れているかを示す尺度

$$\omega(\{\boldsymbol{a}_k\}_{k\in\mathbb{N}},K)=\sup\{\,d(\boldsymbol{a}_k,\boldsymbol{a}_{k'})\,|\,k,k'\geq K\,\}$$

を定義し，これを点列 $\{\boldsymbol{a}_k\}_{k\in\mathbb{N}}$ の K 以降の**振幅**とよびます．そうすると点列 $\{\boldsymbol{a}_k\}_{k\in\mathbb{N}}$

1) Augustin–Louis Cauchy
2) これは調和級数とよばれます．

がコーシー点列であることは

$$\forall \varepsilon > 0\ \exists K(\varepsilon) \in \mathbb{N} : \omega(\{\boldsymbol{a}_k\}_{k\in\mathbb{N}}, K(\varepsilon)) < \varepsilon \tag{1·2}$$

と書くことができます[1)]．さらに次の補助定理がわかります．

■ 補助定理 1·2·15 $\{\boldsymbol{a}_k\}_{k\in\mathbb{N}}$ がコーシー点列である必要十分な条件は

$$\lim_{l\to\infty} \omega(\{\boldsymbol{a}_k\}_{k\in\mathbb{N}}, l) = 0 \tag{1·3}$$

である．

[証明] $\omega(\{\boldsymbol{a}_k\}_{k\in\mathbb{N}}, l)$ が $l \in \mathbb{N}$ について単調非増加であることに注意すれば，$\omega(\{\boldsymbol{a}_k\}_{k\in\mathbb{N}}, K) < \varepsilon$ と任意の $l \geq K$ について $\omega(\{\boldsymbol{a}_k\}_{k\in\mathbb{N}}, l) < \varepsilon$ とが同値であることがわかります．よって式 (1·2) と式 (1·3) は同値です． □

$\{\boldsymbol{a}_k\}_{k\in\mathbb{N}}$ を $\boldsymbol{a}$ に収束する収束点列とすれば，三角不等式

$$d(\boldsymbol{a}_k, \boldsymbol{a}_{k'}) \leq d(\boldsymbol{a}_k, \boldsymbol{a}) + d(\boldsymbol{a}_{k'}, \boldsymbol{a})$$

から収束点列はコーシー点列であることがわかります．一方，実数の**完備性**とよばれる性質から実はこの逆も成り立ちます．定理にまとめておきます．

■ 定理 1·2·16 $\mathbb{R}^n$ の点列 $\{\boldsymbol{a}_k\}_{k\in\mathbb{N}}$ が収束点列であるための必要かつ十分な条件はそれがコーシー点列であることである．

■ 定義 1·2·17 $k_1, k_2, \ldots, k_i, \ldots$ を $k_1 < k_2 < \cdots < k_i < \cdots$ なる自然数 $\mathbb{N}$ の列とする．点列 $\{\boldsymbol{a}_k\}_{k\in\mathbb{N}}$ に対して $\{\boldsymbol{a}_{k_i}\}_{i\in\mathbb{N}}$ をその**部分点列**とよぶ．

つまり部分点列とは元の点列から跳び跳びに点を選んできて，元の点列での前後関係を崩さないように並べてつくった点列のことです．

問題 1·2·18 収束点列の任意の部分点列は同じ点に収束すること，つまり $\lim_{k\to\infty} \boldsymbol{a}_k = \boldsymbol{a} \Rightarrow \lim_{i\to\infty} \boldsymbol{a}_{k_i} = \boldsymbol{a}$ を示しなさい．

■ 補助定理 1·2·19 A が閉集合であるための必要十分な条件は A の点からなる任意の収束点列の収束先が A の点となることである．

[証明] 必要性を示します．閉集合 A の点からなる点列 $\{\boldsymbol{a}_k\}_{k\in\mathbb{N}}$ の収束先を $\boldsymbol{a}$ とすると，収束の定義 1·2·12 から任意の $\varepsilon > 0$ に対して $\boldsymbol{a}_{K(\varepsilon)} \in U(\boldsymbol{a}; \varepsilon) \cap A$ ですから，$U(\boldsymbol{a}; \varepsilon) \cap A \neq \emptyset$ です．これは $\boldsymbol{a}$ が閉集合 A の触点であることを意味しています

---

1) $\omega(\{\boldsymbol{a}_k\}, K(\varepsilon)) < \varepsilon$ の不等号は $\leq$ に置き換えても同じことです．

から，$\boldsymbol{a}\in A$ が得られます．十分性を示します．A の任意の触点を $\boldsymbol{a}$ とします．触点の定義の $\delta>0$ として $1, 1/2, \ldots, 1/k, \ldots$ ととると

$$\forall k\in\mathbb{N}\ U(\boldsymbol{a};1/k)\cap A\neq\emptyset$$

ですから，$\boldsymbol{a}_k\in U(\boldsymbol{a};1/k)\cap A$ を選んできて点列 $\{\boldsymbol{a}_k\}$ を構成すると $d(\boldsymbol{a}_k,\boldsymbol{a})<1/k$ から $\lim_{k\to\infty}\boldsymbol{a}_k=\boldsymbol{a}$ です．よって仮定から $\boldsymbol{a}\in A$ が得られ，結局 $\bar{A}\subseteq A$ が示せました．□

■ **定義 1・2・20**　$A\subseteq\mathbb{R}^n$ が有界な閉集合であるとき，A は**コンパクト**であるという．

■ **明日へ 1・2・21**　一般の位相空間でのコンパクト性は開被覆を用いて定義されます．位相空間の開集合の族 $\{O_\lambda\mid\lambda\in\Lambda\}$ が集合 A に対して $A\subseteq\bigcup_{\lambda\in\Lambda}O_\lambda$ となるときこれを A の**開被覆**といい，開被覆の有限個の O_λ の和集合で A を覆うものを**有限部分被覆**といいます．A のどのような開被覆にも有限部分被覆があるとき A はコンパクトであると定義します．$\mathbb{R}^n$ ではこのコンパクト性と有界で閉集合であることは同値になることが**ハイネ**[1]**・ボレル**[2]**の被覆定理**として知られています．

この定義に従うと，たとえば実数 $\mathbb{R}$ がコンパクトでないことは以下のように確認することができます．整数 $k\in\mathbb{Z}$ に対して開区間 $(k-1,k+1)$ を集めると図 1・4 に示したように $\mathbb{R}$ の開被覆 $\{(k-1,k+1)\mid k\in\mathbb{Z}\}$ が得られます．しかし整数 k を含んでいる開区間は $(k-1,k+1)$ ただ 1 つですから，1 つの開区間でもこの開被覆から取除くと $\mathbb{R}$ を被覆できません．よって当然有限部分被覆を選ぶことはできません．同様に $k\in\mathbb{Z}$ に対して $y_k=1/(1+e^{-k})$ と定義し開区間 (y_{k-1},y_{k+1}) 達で開区間 $(0,1)$ の開被覆をつくってみると，開区間 $(0,1)$ がコンパクトでないこともわかります．

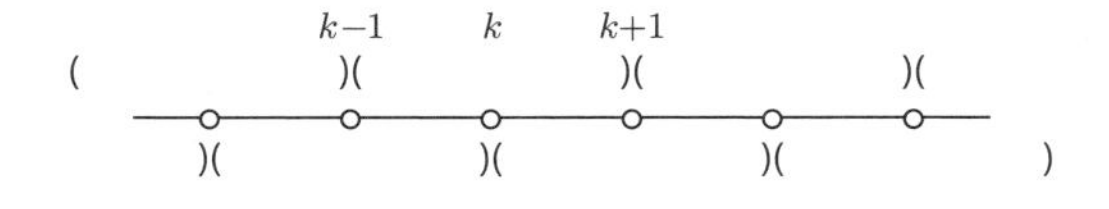

図 1・4　$\mathbb{R}$ の開被覆

問題 1・2・22　$\mathbb{R}^2$ の開被覆 $\{(k-1,k+1)\times(l-1,l+1)\mid k,l\in\mathbb{Z}\}$ を用いて $\mathbb{R}^2$ がコンパクトでないことを示しなさい．

---

1) Heinrich E. Heine
2) Felix E.J. Émile Borel

次の定理 1･2･23 は，**ボルツァノ**[1]**・ワイエルシュトラス**[2]**の定理**として知られている重要な定理です．

■ **定理 1･2･23**（ボルツァノ・ワイエルシュトラスの定理）　$\mathbb{R}^n$ の有界点列は収束部分点列をもつ．

［証明］　一般の n についての証明も同様ですので，$n=2$ の場合に有界点列 $\{\boldsymbol{a}_k\}_{k\in\mathbb{N}}$ に対して収束部分点列 $\{\boldsymbol{a}_{k_i}\}_{i\in\mathbb{N}}$ の存在を示します．$\{\boldsymbol{a}_k\}_{k\in\mathbb{N}}$ は有界ですから，十分大きな矩形 $[-R,R]\times[-R,R]$ でそのすべての点を覆うことができますのでこの矩形を B_1 とします．そして，まず $\boldsymbol{a}_{k_1}=\boldsymbol{a}_1$ とします．B_1 を図 1･5 に示したように 4 つの象限ごとの小矩形に分けると，そのうちの少なくとも 1 つの小矩形には点列 $\{\boldsymbol{a}_k\}_{k\in\mathbb{N}}$ の内の無限個の点が含まれます．そのような小矩形（図では右上の小矩形 B_2）を選びます．この小矩形の中には先ほど選んだ $\boldsymbol{a}_{k_1}$ とは異なる点がありますので，それを $\boldsymbol{a}_{k_2}$ として選びます．さらにこの小矩形を 4 つの小矩形に分けると，同様にその中の 1 つ（図の B_3）には点列の無限個の点が含まれますので，そこから新たに $\boldsymbol{a}_{k_3}$ を選びます．このとき $k_3>k_2$ となるように選ぶことができます．同様に $\boldsymbol{a}_{k_4}$ を選ぶと，

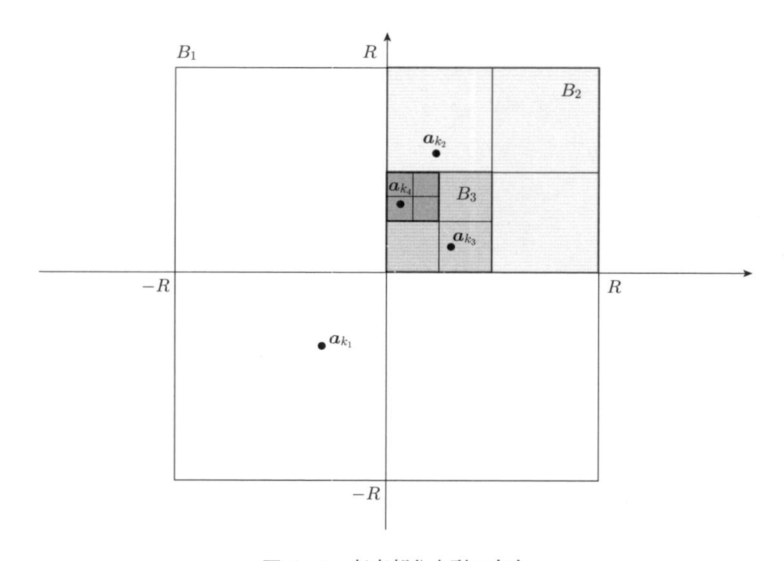

図 1・5　収束部分点列の存在

1）Bernard P.J.N. Bolzano
2）Karl Weierstrass

$$d(\boldsymbol{a}_{k_1}, \boldsymbol{a}_{k_2}) \le 2\sqrt{2}R, \quad d(\boldsymbol{a}_{k_1}, \boldsymbol{a}_{k_3}) \le 2\sqrt{2}R, \quad d(\boldsymbol{a}_{k_1}, \boldsymbol{a}_{k_4}) \le 2\sqrt{2}R$$
$$d(\boldsymbol{a}_{k_2}, \boldsymbol{a}_{k_3}) \le \sqrt{2}R, \quad d(\boldsymbol{a}_{k_2}, \boldsymbol{a}_{k_4}) \le \sqrt{2}R$$
$$d(\boldsymbol{a}_{k_3}, \boldsymbol{a}_{k_4}) \le \sqrt{2}R/2$$

で，しかも $k_1 < k_2 < k_3 < k_4$ がわかります．以上の手続きを繰返してつくられる点列 $\{\boldsymbol{a}_{k_i}\}_{i \in \mathbb{N}}$ は，$k_1 < \cdots < k_i < k_{i+1} < \cdots$ であり，しかも $j > i$ なる j について

$$d(\boldsymbol{a}_{k_i}, \boldsymbol{a}_{k_j}) \le \sqrt{2}R/(2^{i-2})$$

を満たします．i が大きくなれば右辺の $\sqrt{2}R/(2^{i-2})$ はいくらでも小さくなりますから，部分点列 $\{\boldsymbol{a}_{k_i}\}_{i \in \mathbb{N}}$ はコーシー点列となります．したがって，定理 1・2・16 からこれは収束点列です． □

■ **系 1・2・24** $\mathbb{R}^n$ のコンパクト集合 A の点からなる任意の点列は A の点に収束する収束部分点列をもつ．

[証明] A がコンパクトですから有界，よって A の点からなる点列は有界点列です．したがって定理 1・2・23 から収束部分点列があります．しかも A は閉集合ですからその収束先は補助定理 1・2・19 から A の点です． □

さて，点集合の集積点とは別に点列に対する集積点を以下のように定義します．

■ **定義 1・2・25**（点列の集積点） 点列 $\{\boldsymbol{a}_k\}_{k \in \mathbb{N}}$ の収束部分点列の収束先をこの**点列の集積点**という[1)]．

■ **補助定理 1・2・26** 点 $\boldsymbol{a}$ が点列 $\{\boldsymbol{a}_k\}_{k \in \mathbb{N}}$ の集積点である必要十分な条件は

$$\forall \varepsilon > 0 \, \forall k \in \mathbb{N} \, \exists l(\varepsilon, k) \in \mathbb{N} : l(\varepsilon, k) \ge k \wedge d(\boldsymbol{a}, \boldsymbol{a}_{l(\varepsilon,k)}) < \varepsilon$$

である．

[証明] 十分性は $\varepsilon = 1, k = 1$ に対して存在する $l(\varepsilon, k)$ を k_1，$\varepsilon = 1/2, k = k_1 + 1$ に対して存在する $l(\varepsilon, k)$ を k_2，一般に $\varepsilon = 1/i, k = k_{i-1} + 1$ に対して存在する $l(\varepsilon, k)$ を k_i として部分点列 $\{\boldsymbol{a}_{k_i}\}_{i \in \mathbb{N}}$ を構成すれば，$\lim_{i \to \infty} \boldsymbol{a}_{k_i} = \boldsymbol{a}$ となり $\boldsymbol{a}$ が点列 $\{\boldsymbol{a}_k\}_{k \in \mathbb{N}}$ の集積点であることがわかります．必要性は，$\lim_{i \to \infty} \boldsymbol{a}_{k_i} = \boldsymbol{a}$ となる部分点列で $\lim_{i \to \infty} k_i = +\infty$ であることから得られます． □

点列の集積点は点列 $\{\boldsymbol{a}_k\}_{k \in \mathbb{N}}$ を構成する点を集めた集合 $\{\, \boldsymbol{a}_k \mid k \in \mathbb{N} \}$ の集積点

---

1) 点列の集積点については F. Reinhardt, H. Soeder; 浪川幸彦他訳，“カラー図解 数学事典”，共立出版（2012）や青木利夫，高橋 渉，“集合・位相空間要論”，培風館（1979）の第 3 章を見てください．またこれに**収積点**という漢字をあてる流儀もあります．

とは異なります．たとえば，すべての k について $\boldsymbol{a}_k=\boldsymbol{a}$ である停留点列に対して $\{\boldsymbol{a}_k \mid k\in\mathbb{N}\}=\{\boldsymbol{a}\}$ ですので，集合として集積点をもちませんが，$\boldsymbol{a}$ は点列 $\{\boldsymbol{a}_k\}_{k\in\mathbb{N}}$ の集積点です．

■ **補助定理 1・2・27**　相異なる点からなる点列 $\{\boldsymbol{a}_k\}_{k\in\mathbb{N}}$ の集積点は点集合 $\{\boldsymbol{a}_k \mid k\in\mathbb{N}\}$ の集積点でもある．

[証明]　$\boldsymbol{a}$ を点列の集積点とすると，$\boldsymbol{a}$ に収束する部分点列があり，それは無限個の相異なる点から構成されていますから，$\boldsymbol{a}$ の任意の近傍に点集合 $\{\boldsymbol{a}_k \mid k\in\mathbb{N}\}$ の点が無限個存在します．よって集合としての集積点でもあります．□

■ **系 1・2・28**　$\mathbb{R}^n$ の有界な無限集合は集積点をもつ．

[証明]　有界な無限集合を A とします．A から次々と相異なる点を選んで有界な点列 $\{\boldsymbol{a}_k\}_{k\in\mathbb{N}}$ をつくることができます．定理 1・2・23 からこの点列には収束部分点列があります．その収束先は点列としての集積点ですが，点列を構成している点が相異なることから補助定理 1・2・27 によってこれは集合 $\{\boldsymbol{a}_k \mid k\in\mathbb{N}\}$ の集積点でもあり，よって A の集積点となります．□

1・3　多変数関数の極限

1 変数のときもそうでしたが，多変数の世界でも関数の極限が重要になります．ここで考える多変数関数とはベクトル $\boldsymbol{x}\in\mathbb{R}^n$ を入力として実数を出力するものです．関数が定義されている点 $\boldsymbol{x}$ の全体を関数の**定義域**といい，関数のとる値が属する実数 $\mathbb{R}$ を**値域**といいます．関数を f で，定義域を D で表すと

$$\mathbb{R}^n \supseteq D \ni \boldsymbol{x} \to \boxed{\quad f \quad} \to f(\boldsymbol{x}) \in \mathbb{R}$$

という図式です．これは

$$f\colon D\subseteq\mathbb{R}^n\to\mathbb{R}$$

と書いたりします．

1 変数関数 $f\colon D\subseteq\mathbb{R}\to\mathbb{R}$ について，D の集積点 a での極限 $\lim_{x \underset{D}{\to} a} f(x)=\alpha$ は

$$\forall\varepsilon>0\,\exists\delta(\varepsilon)>0 : x\in D \wedge 0<|x-a|<\delta(\varepsilon) \Rightarrow |f(x)-\alpha|<\varepsilon$$

と定義しました．δ に添えられた (ε) は δ が ε に依存してもよいことを示しています．この定義からわかるように，$x=a$ で関数 f の値が定義されていなくても，またどんな値に定義されていても，関数の極限はそんなことに頓着しません．この定義を a の除外近傍と α の近傍を使って書き直すと

$$\forall \varepsilon > 0 \exists \delta(\varepsilon) > 0 : x \in D \cap U^\circ(a, \delta(\varepsilon)) \Rightarrow f(x) \in U(\alpha, \varepsilon)$$

となります．これに倣えば多変数関数 $f\colon D \to \mathbb{R}$ の極限は次のように定義すればよいことになります．

■ **定義 1・3・1** (多変数関数の極限)　関数 $f\colon D \to \mathbb{R}$ とその定義域 D の集積点 $\boldsymbol{a}$ に対して

$$\forall \varepsilon > 0 \exists \delta(\varepsilon) > 0 : \boldsymbol{x} \in D \cap U^\circ(\boldsymbol{a}, \delta(\varepsilon)) \Rightarrow f(\boldsymbol{x}) \in U(\alpha, \varepsilon) \tag{1・4}$$

が成り立つとき f は D 上で $\boldsymbol{x}$ が $\boldsymbol{a}$ に近づくときに**極限** α をもつ，あるいは単に $\boldsymbol{a}$ で極限 α をもつといい，

$$\alpha = \lim_{\boldsymbol{x} \underset{D}{\to} \boldsymbol{a}} f(\boldsymbol{x})$$

と書く．

ここでも f が $\boldsymbol{a}$ で定義されているかどうか，定義されている場合に $f(\boldsymbol{a})$ がどんな値であるかは，その存在非存在も含めて極限の値 α に影響を与えません．以上の定義から

$$\alpha = \lim_{\boldsymbol{x} \underset{D}{\to} \boldsymbol{a}} f(\boldsymbol{x}) \quad \Leftrightarrow \quad \lim_{\boldsymbol{x} \underset{D}{\to} \boldsymbol{a}} |f(\boldsymbol{x}) - \alpha| = 0$$

がすぐにわかります．ここで $\alpha \neq \lim_{\boldsymbol{x} \underset{D}{\to} \boldsymbol{a}} f(\boldsymbol{x})$ の定義を導いておきます．式 (1・4) を否定すればよいのですから

$$\begin{aligned} &\alpha \neq \lim_{\boldsymbol{x} \underset{D}{\to} \boldsymbol{a}} f(\boldsymbol{x}) \\ &\rightleftharpoons \exists \varepsilon > 0 \forall \delta > 0 \exists \boldsymbol{x}(\delta) \in D \cap U^\circ(\boldsymbol{a}; \delta) : f(\boldsymbol{x}(\delta)) \notin U(\alpha; \varepsilon) \end{aligned} \tag{1・5}$$

となります．まず正の ε が存在するといってから，$\boldsymbol{a}$ のいくらでも近くにその点での関数値が α から ε 以上隔たった点 $\boldsymbol{x}(\delta)$ があると述べています．

多変数の場合に $\boldsymbol{x}$ の $\boldsymbol{a}$ への近づき方は図 1・6 のように，$\boldsymbol{a}$ に向かってまっしぐらに近づいたり，$\boldsymbol{a}$ の周りをらせんを描きながら徐々に近づいたりとさまざまです．極限 $\lim_{\boldsymbol{x} \underset{D}{\to} \boldsymbol{a}} f(\boldsymbol{x})$ が存在するとは，定義域 D の中のどのような近づき方についても $f(\boldsymbol{x})$ がいつも同じ値に収束することを意味しています．正確には，D の部分集合で $\boldsymbol{a}$ を集積点にもつ集合 A を任意に選んだとき，その A の選び方に関わらずいつも $\lim_{\boldsymbol{x} \underset{A}{\to} \boldsymbol{a}} f(\boldsymbol{x})$ が存在して，しかもその値がいつも同じであるとき極限 $\lim_{\boldsymbol{x} \underset{D}{\to} \boldsymbol{a}} f(\boldsymbol{x})$ が存在することになります．ですから，$\lim_{\boldsymbol{x} \underset{A}{\to} \boldsymbol{a}} f(\boldsymbol{x})$ が存在しないような $A \subseteq D$ が 1 つでもある場合には $\lim_{\boldsymbol{x} \underset{D}{\to} \boldsymbol{a}} f(\boldsymbol{x})$ は存在しません．また，$\lim_{\boldsymbol{x} \underset{A}{\to} \boldsymbol{a}} f(\boldsymbol{x}) \neq \lim_{\boldsymbol{x} \underset{B}{\to} \boldsymbol{a}} f(\boldsymbol{x})$ となるような $A, B \subseteq D$ がある場合にも極限 $\lim_{\boldsymbol{x} \underset{D}{\to} \boldsymbol{a}} f(\boldsymbol{x})$ が存在しないことになりま

す．このような A や B として点 $\boldsymbol{a}$ に向かう**道**がしばしば用いられます．道の定義は §1･5 で与えますが，本節の例で具体例を示します．

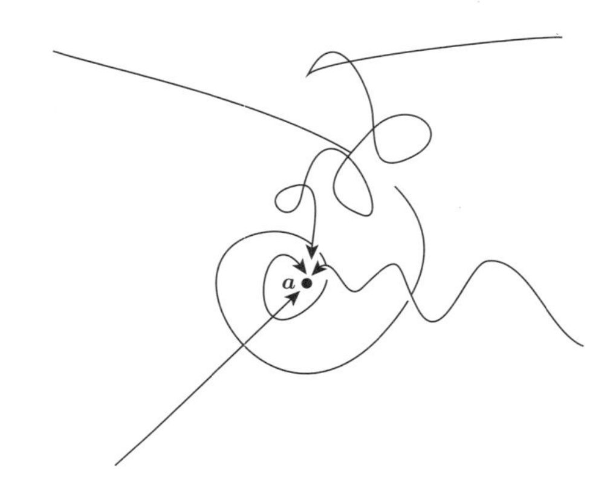

図 1・6 さまざまな近づき方

■ **補助定理 1･3･2**（点列による極限の必要十分条件） $f\colon D \to \mathbb{R}$ に対して $\lim_{\boldsymbol{x} \underset{D}{\to} \boldsymbol{a}} f(\boldsymbol{x}) = \alpha$ である必要十分な条件は，

a) $\forall k \in \mathbb{N}\ \boldsymbol{a}_k \in D \setminus \{\boldsymbol{a}\}$

b) $\lim_{k\to\infty} \boldsymbol{a_k} = \boldsymbol{a}$

なる任意の点列 $\{\boldsymbol{a}_k\}_{k\in\mathbb{N}}$ について $\lim_{k\to\infty} f(\boldsymbol{a}_k) = \alpha$ となることである．

[証明] 少し丁寧に証明を書いておきます．まず必要性の証明から始めます．上記の条件を満たす点列 $\{\boldsymbol{a}_k\}_{k\in\mathbb{N}}$ に対して $\lim_{k\to\infty} f(\boldsymbol{a}_k) = \alpha$ つまり

$$\forall \varepsilon > 0\ \exists K(\varepsilon) \in \mathbb{N} : k \geq K(\varepsilon) \Rightarrow f(\boldsymbol{a}_k) \in U(\alpha; \varepsilon)$$

を示そうと思います．正の実数 ε が与えられたとの仮定が証明の出発点，$K(\varepsilon)$ の存在を示すことが目標です．仮定の $\lim_{\boldsymbol{x} \underset{D}{\to} \boldsymbol{a}} f(\boldsymbol{x}) = \alpha$ から与えられた ε に対して

$$\exists \delta(\varepsilon) > 0 : \boldsymbol{x} \in D \cap U^\circ(\boldsymbol{a}; \delta(\varepsilon)) \Rightarrow f(\boldsymbol{x}) \in U(\alpha; \varepsilon) \qquad (1･6)$$

です．ここで存在すると主張された $\delta(\varepsilon)$ は正の実数ですから，$\lim_{k\to\infty} \boldsymbol{a_k} = \boldsymbol{a}$ の定義にある ε としてこの $\delta(\varepsilon)$ が与えられたと考えると，

$$\exists K(\delta(\varepsilon)) \in \mathbb{N} : k \geq K(\delta(\varepsilon)) \Rightarrow \boldsymbol{a}_k \in U(\boldsymbol{a}; \delta(\varepsilon))$$

が得られます．しかも $\boldsymbol{a}_k \in D \setminus \{\boldsymbol{a}\}$ ですから $k \geq K(\delta(\varepsilon))$ なる k について $\boldsymbol{a}_k \in D \cap U^\circ(\boldsymbol{a}; \delta(\varepsilon))$ がわかります．よって式 (1･6) から $K(\delta(\varepsilon))$ が要求されていた

$K(\varepsilon)$ の条件を満たしていることがわかりました．これで必要性の証明が終わります．

次に十分性を背理法で示します．そのために $\lim_{\boldsymbol{x} \underset{D}{\to} \boldsymbol{a}} f(\boldsymbol{x}) = \alpha$ を否定すると式 (1・5) が得られます．式 (1・5) の δ として $1, 1/2, \ldots, 1/k, \ldots$ をとり，それに対応して存在する $\boldsymbol{x}(1/k)$ を $\boldsymbol{x}_k$ として得られる点列 $\{\boldsymbol{x}_k\}_{k \in \mathbb{N}}$ は $\boldsymbol{x}_k \in D \cap U^\circ(\boldsymbol{a}; 1/k) \subseteq U(\boldsymbol{a}; 1/k)$ から $\lim_{k \to \infty} \boldsymbol{x}_k = \boldsymbol{a}$ を満たします．しかし，$f(\boldsymbol{x}_k) \notin U(\alpha; \varepsilon)$ つまり $|f(\boldsymbol{x}_k) - \alpha| \geq \varepsilon$ から $\lim_{k \to \infty} f(\boldsymbol{x}_k) \neq \alpha$ となり，仮定されていることに矛盾します．これで十分性の証明も終わりました． □

上の補助定理 1・3・2 の主張とコーシー点列を組合わせると関数の収束に関する**コーシーの収束判定条件**が得られます．そのためにまず**振幅**を定義しましょう．

■ **定義 1・3・3**（振幅） 関数 $f \colon D \to \mathbb{R}$ の E 上の**振幅** $\omega(f; E)$ を

$$\omega(f; E) = \sup_{\boldsymbol{x}, \boldsymbol{y} \in E} |f(\boldsymbol{x}) - f(\boldsymbol{y})|$$

と定義する．

この定義は

$$\omega(f; E) = \sup_{\boldsymbol{x} \in E} f(\boldsymbol{x}) - \inf_{\boldsymbol{y} \in E} f(\boldsymbol{y})$$

としても同じことです．振幅は E 上で関数 f がどの程度振れているかを示す値で，

$$E' \subset E \Rightarrow \omega(f; E') \leq \omega(f; E)$$

なる単調性をもちます．

■ **定理 1・3・4**（コーシーの収束判定条件） 関数 $f \colon D \to \mathbb{R}$ とその定義域 D の集積点 $\boldsymbol{a}$ について $\lim_{\boldsymbol{x} \underset{D}{\to} \boldsymbol{a}} f(\boldsymbol{x})$ が存在するための必要十分な条件は

$$\forall \varepsilon > 0 \, \exists \delta(\varepsilon) > 0 : \omega(f; D \cap U^\circ(\boldsymbol{a}; \delta(\varepsilon))) < \varepsilon \tag{1・7}$$

である．

[証明] $\alpha = \lim_{\boldsymbol{x} \underset{D}{\to} \boldsymbol{a}} f(\boldsymbol{x})$ とおいて必要性を示します．任意に与えられた $\varepsilon > 0$ の 3 分の 1 の $\varepsilon/3$ に対して

$$\boldsymbol{x} \in D \cap U^\circ(\boldsymbol{a}; \delta) \Rightarrow |f(\boldsymbol{x}) - \alpha| < \frac{\varepsilon}{3}$$

となる $\delta > 0$ が存在しますから，$\boldsymbol{x}, \boldsymbol{y} \in D \cap U^\circ(\boldsymbol{a}; \delta)$ なら

$$|f(\boldsymbol{x}) - f(\boldsymbol{y})| \leq |f(\boldsymbol{x}) - \alpha| + |\alpha - f(\boldsymbol{y})| < \frac{\varepsilon}{3} + \frac{\varepsilon}{3} = \frac{2\varepsilon}{3}$$

となるので，この δ を $\delta(\varepsilon)$ とすれば，$\omega(f; D \cap U^\circ(\boldsymbol{a}; \delta(\varepsilon))) \leq 2\varepsilon/3 < \varepsilon$ が得られ

て，必要性の証明が終わります．

条件 (1･7) の十分性を示すときの目標は，$\lim_{k\to\infty}\boldsymbol{a}_k=\boldsymbol{a}$ と $\boldsymbol{a}_k\neq\boldsymbol{a}$ なら常に $\{f(\boldsymbol{a}_k)\}_{k\in\mathbb{N}}$ がコーシー数列となることを示すことです．条件 (1･7) にある $\delta(\varepsilon)$ に対して $\lim_{k\to\infty}\boldsymbol{a}_k=\boldsymbol{a}$ より $K(\delta(\varepsilon))\in\mathbb{N}$ が存在して

$$k\geq K(\delta(\varepsilon))\Rightarrow\boldsymbol{a}_k\in D\cap U(\boldsymbol{a};\delta(\varepsilon))$$

です．ここで $\boldsymbol{a}_k\neq\boldsymbol{a}$ と条件 (1･7) を使うと

$$\begin{aligned}k,k'\geq K(\delta(\varepsilon))&\Rightarrow\boldsymbol{a}_k,\boldsymbol{a}_{k'}\in D\cap U^\circ(\boldsymbol{a};\delta(\varepsilon))\\&\Rightarrow|f(\boldsymbol{a}_k)-f(\boldsymbol{a}_{k'})|\leq\omega(f;D\cap U^\circ(\boldsymbol{a};\delta(\varepsilon)))<\varepsilon\end{aligned}$$

となります．これで $\{f(\boldsymbol{a}_k)\}_{k\in\mathbb{N}}$ がコーシー数列となることがわかりました．コーシー数列は収束数列ですから，十分性の証明も終わります．□

問題 1･3･5　振幅 $\omega(f;D\cap U^\circ(\boldsymbol{a};\delta))$ を δ の関数とみなして以下を示しなさい．

a)　$\omega(f;D\cap U^\circ(\boldsymbol{a};\delta))$ は δ の単調関数である，つまり $0<\delta_1<\delta_2\Rightarrow\omega(f;D\cap U^\circ(\boldsymbol{a};\delta_1))\leq\omega(f;D\cap U^\circ(\boldsymbol{a};\delta_2))$ である．

b)　条件 (1･7) は

$$\lim_{\delta\to0+}\omega(f;D\cap U^\circ(\boldsymbol{a};\delta))=0$$

と同値である．ここで $\lim_{\delta\to0+}$ は右側極限を示す．

以下に 2 変数関数の例をいくつか示します．変数ベクトル $\boldsymbol{x}$ を (x,y) と書きます．

■ **例 1･3･6**　2 変数関数 $f(x,y)$

$$f(x,y)=\frac{x^2+y^2}{y}$$

を例に，$\boldsymbol{a}=(0,0)$ としてこの関数の極限を考えてみます．ただし $y=0$ で定義されていませんので，定義域は $D=\{(x,y)\,|\,y\neq0\}$ です．図 1･7 に等高線を示しました．この関数の高さ c の等高線は $(x^2+y^2)/y=c$ で決まり，この等式は $x^2+(y-c/2)^2=(c/2)^2$ と変形できますから，等高線は y 軸上に中心をもち原点を通る円になります．

まず直線 $y=x$ に沿って原点に近づくことを考えます．つまり，$A_1=\{(x,y)\,|\,y=x\}\cap D=\{(t,t)\,|\,t\neq0\}$ としてその上の極限 $\lim_{(x,y)\underset{A_1}{\to}(0,0)}f(x,y)$ を考えるわけです．これはパラメーター t を用いて $(x,y)=(t,t)$ として $t\to0$ の極限を考えればよいことになります．この直線上の原点以外の点では関数値は

$$f(x,y)=f(t,t)=\frac{t^2+t^2}{t}=2t$$

ですので $\lim_{(x,y)\underset{A_1}{\to}(0,0)} f(x,y)=\lim_{t\to 0} f(t,t)=0$ です．同様に $m\neq 0$ を任意にとって $A_m=\{(x,y)\,|\,y=mx\}\cap D=\{(t,mt)\,|\,t\neq 0\}$ とすると，A_m 上では

$$f(x,y)=f(t,mt)=\frac{t^2+m^2t^2}{mt}=\frac{1+m^2}{m}t$$

ですから，やはり $\lim_{(x,y)\underset{A_m}{\to}(0,0)} f(x,y)=\lim_{t\to 0} f(t,mt)=0$ が成り立ちます．つまり定義域 D の中を通ってまっすぐ原点に近づくと常に極限はゼロになります．これは，直線に沿って原点に近づくと次々と等高線を横切っていくのが見えることからも推測できることです．しかし，これから $\lim_{(x,y)\underset{D}{\to}(0,0)} f(x,y)=0$ を結論することはできません．実際，2 次曲線を $B=\{(x,y)\,|\,y=x^2\}\cap D=\{(t,t^2)\,|\,t\neq 0\}$ としてこれに沿って原点に近づくと

$$\lim_{(x,y)\underset{B}{\to}(0,0)} f(x,y)=\lim_{t\to 0} f(t,t^2)=\lim_{t\to 0}\frac{t^2+t^4}{t^2}=\lim_{t\to 0}(1+t^2)=1$$

となります．図では，2 次曲線 $y=x^2$ が等高線とほとんど接するように見えます．

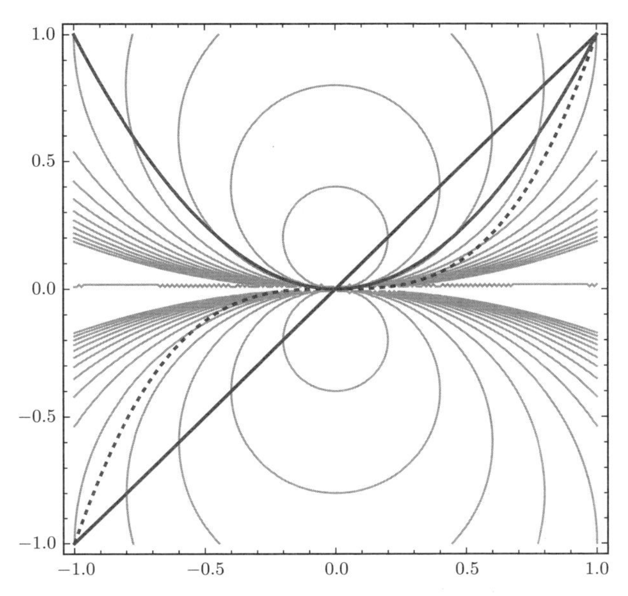

図 1・7 関数 $f(x,y)=(x^2+y^2)/y$ の等高線と $y=x, x^2, x^3$ のグラフ

さらに，3 次曲線 $C=\{(x,y)\,|\,y=x^3\}\cap D=\{(t,t^3)\,|\,t\neq 0\}$ に沿って原点に近づく

と，直線の場合とは反対向きに次々と等高線を乗越え，

$$\lim_{(x,y)\underset{C}{\to}(0,0)} f(x,y) = \lim_{t\to 0\pm} f(t,t^3) = \lim_{t\to 0\pm} \frac{t^2+t^6}{t^3} = \lim_{t\to 0\pm}\left(\frac{1}{t}+t^3\right) = \pm\infty$$

となります．以上の観察から $\lim_{(x,y)\underset{D}{\to}(0,0)} f(x,y)$ は存在しないことが結論されます．

次に極座標表現 $x=r\cos\theta, y=r\sin\theta$ を代入して考えてみます．$r\neq 0$ と $\sin\theta\neq 0$ の下で

$$f(x,y) = \frac{x^2+y^2}{y} = \frac{r^2(\sin^2\theta+\cos^2\theta)}{r\sin\theta} = r\left(\frac{1}{\sin\theta}\right)$$

となります．ここで関数が r で括れた形になったので $r\to 0$ のとき右辺がゼロに収束すると早とちりしてはいけません．( ) の中には $1/\sin\theta$ がいます．θ の値が固定されていれば，つまり直線に添って原点に近づくことだけを考えているのなら，$\sin\theta$ は定数ですから $r(1/\sin\theta)$ は $r\to 0$ に伴ってゼロに収束します．しかし，θ は動くことができますし，$1/\sin\theta$ は θ が π の整数倍のどれかに近づくと無限大に発散しますので，この関数が収束するかどうか，また収束する場合の値がどうなるかは，r のゼロへの近づき方と θ の π の整数倍への近づき方の勝負で決まります．

■ 例 1·3·7　次に，$f(x,y)=(2x^2+3y^2)/\sqrt{x^2+y^2}$ をみてみます．定義域は $D=\mathbb{R}^2\setminus\{(0,0)\}$ です．等高線を図 1·8 に示しておきます．まず，直線 $y=mx$ 上での関数の振舞いをみてみます．そのために $x=t, y=mt$ とすると

$$f(x,y) = \frac{2x^2+3y^2}{\sqrt{x^2+y^2}} = \frac{2t^2+3m^2t^2}{\sqrt{t^2+m^2t^2}} = \frac{2+3m^2}{\sqrt{1+m^2}}|t|$$

から $t\to 0$ で関数値はゼロに収束します．しかし，これだけでは極限の存在を示したことになりません．なぜなら今確かめたことは $A_m=\{(x,y)\,|\,y=mx\}\cap D$ 上の極限がゼロになることに過ぎないからです．そこで，今度は $x=r\cos\theta, y=r\sin\theta$ を代入してみると

$$\begin{aligned} f(x,y) = f(r\cos\theta, r\sin\theta) &= \frac{2r^2\cos^2\theta+3r^2\sin^2\theta}{\sqrt{r^2\cos^2\theta+r^2\sin^2\theta}} \\ &= r(2\cos^2\theta+3\sin^2\theta) \end{aligned}$$

となり，( ) 内は

$$|2\cos^2\theta+3\sin^2\theta| = |2(\cos^2\theta+\sin^2\theta)+\sin^2\theta| \le 2+|\sin^2\theta| \le 3$$

です[1)]．よって，$|f(r\cos\theta, r\sin\theta)|\le 3r$ がわかり，

$$\lim_{r\to 0}|f(r\cos\theta, r\sin\theta)| \le \lim_{r\to 0} 3r = 0$$

1) もちろん $|2\cos^2\theta+3\sin^2\theta| \le |2\cos^2\theta|+|3\sin^2\theta| \le 2+3=5$ でもよいのです．

が得られますので，これで極限の存在とその値がゼロであることが証明されました．あるいは極座標を使わないで以下のようにしてもわかります．まず，分子の x^2 と y^2 の係数が異なっているのが煩わしいので，次の不等式のように少し大きく見積もります．

$$|f(x,y)| = \left|\frac{2x^2+3y^2}{\sqrt{x^2+y^2}}\right| \leq \left|\frac{3x^2+3y^2}{\sqrt{x^2+y^2}}\right| = 3\left|\frac{x^2+y^2}{\sqrt{x^2+y^2}}\right| = 3\sqrt{x^2+y^2}$$

これからすぐに $(x,y)\to(0,0)$ のとき $f(x,y)\to 0$ がわかります．

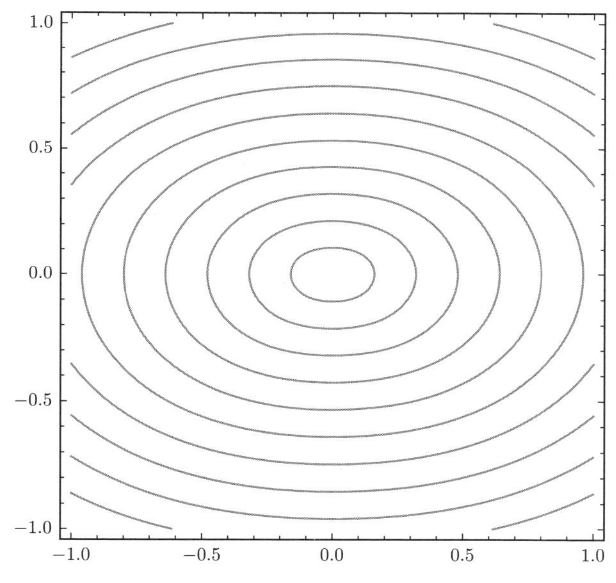

図 1・8 関数 $f(x,y)=(2x^2+3y^2)/\sqrt{x^2+y^2}$ の等高線

■ **例 1・3・8** 次に

$$f(x,y) = x\sin\frac{1}{y} + y\sin\frac{1}{x}$$

を考えます．定義域は $D=\{(x,y)\,|\,x\neq 0, y\neq 0\}$ で，図 1・9 に見るように，随分と暴れた関数です．$(x,y)\in D$ について

$$|f(x,y)| \leq |x\sin\frac{1}{y}| + |y\sin\frac{1}{x}| \leq |x|+|y| \leq 2\sqrt{x^2+y^2}$$

ですから，$\lim_{(x,y)\to(0,0)} f(x,y)=0$ がわかります．一方 $x\neq 0$ のときの $\lim_{y\to 0} f(x,y)$ も，$y\neq 0$ のときの $\lim_{x\to 0} f(x,y)$ も存在しませんので，$\lim_{x\to 0}(\lim_{y\to 0} f(x,y))$

と $\lim_{y\to 0}(\lim_{x\to 0} f(x,y))$ のいずれも存在しません．

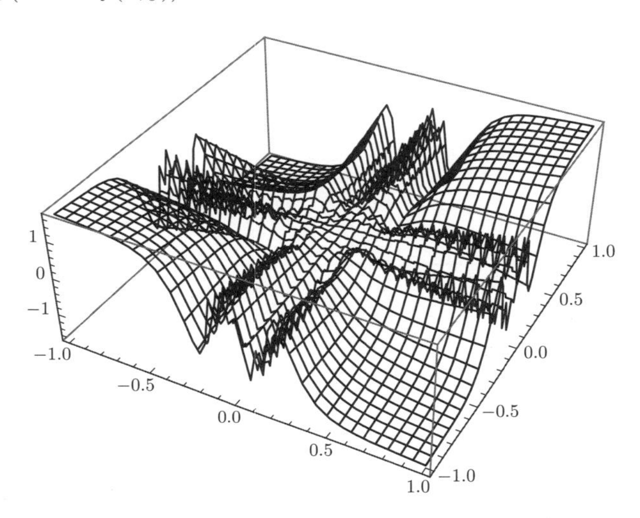

図 1・9　関数 $f(x,y)=x\sin(1/y)+y\sin(1/x)$ のグラフ

■ **例 1・3・9**　$\lim_{x\to a}(\lim_{y\to b} f(x,y))$ と $\lim_{y\to b}(\lim_{x\to a} f(x,y))$ の両者が存在してもそれらが一致しないこともあります．$D=\mathbb{R}^2\setminus\{(0,0)\}$ で定義された図 1・10 に示した関数

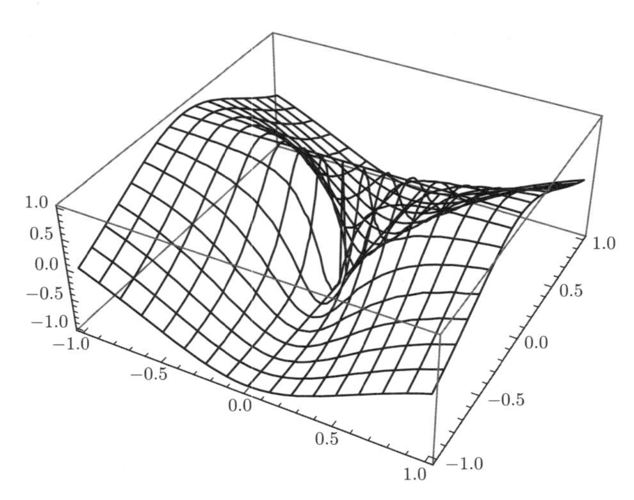

図 1・10　関数 $f(x,y)=(x^2-y^2)/(x^2+y^2)$ のグラフ

$$f(x,y)=\frac{x^2-y^2}{x^2+y^2}$$

について $\lim_{x\to 0}(\lim_{y\to 0} f(x,y))=1$ と $\lim_{y\to 0}(\lim_{x\to 0} f(x,y))=-1$ とが得られ，両者は一致しません．また，$y=x^2$ に沿って原点に近づくと $t\neq 0$ で

$$f(x,y)=f(t,t^2)=\frac{t^2-t^4}{t^2+t^4}=\frac{1-t^2}{1+t^2}\xrightarrow[t\to 0]{}1$$

また $x=y^2$ に沿って原点に近づくと $t\neq 0$ で

$$f(x,y)=f(t^2,t)=\frac{t^4-t^2}{t^4+t^2}=\frac{t^2-1}{t^2+1}\xrightarrow[t\to 0]{}-1$$

となります．よって $\lim_{(x,y)\underset{D}{\to}(0,0)} f(x,y)$ は存在しません．

以上の例から多変数関数の極限は 1 変数の場合と比べてはるかに多様であることがわかったと思います．しかし以下に示す性質は 1 変数の場合と同様に成り立ちます．

■ **補助定理 1・3・10**（関数の極限の性質）　$f,g,h\colon D\to\mathbb{R}$ と D の集積点 $\boldsymbol{a}$ について $\alpha=\lim_{\boldsymbol{x}\underset{D}{\to}\boldsymbol{a}} f(\boldsymbol{x}), \beta=\lim_{\boldsymbol{x}\underset{D}{\to}\boldsymbol{a}} g(\boldsymbol{x})$ とする．$f+g, f\cdot g, f/g$ をそれぞれ f と g の和，積，商を値としてとる関数とすると以下が成り立つ．

a)　$\displaystyle\lim_{\boldsymbol{x}\underset{D}{\to}\boldsymbol{a}}(f+g)(\boldsymbol{x})=\alpha+\beta$

b)　$\displaystyle\lim_{\boldsymbol{x}\underset{D}{\to}\boldsymbol{a}}(f\cdot g)(\boldsymbol{x})=\alpha\cdot\beta$

c)　$\beta>0$ なら任意の $\boldsymbol{x}\in D\cap U^\circ(\boldsymbol{a},\delta)$ について $g(\boldsymbol{x})>\beta/2$ となる $\delta>0$ が存在する．

d)　$\beta\neq 0$ なら $\displaystyle\lim_{\boldsymbol{x}\underset{D}{\to}\boldsymbol{a}}\left(\frac{f}{g}\right)(\boldsymbol{x})=\frac{\alpha}{\beta}$

e)　点 $\boldsymbol{a}$ のある除外近傍 $D\cap U^\circ(\boldsymbol{a},\delta)$ 上で $f(\boldsymbol{x})\leq g(\boldsymbol{x})$ なら $\alpha\leq\beta$ である．

f)　$\alpha=\beta$ で，点 $\boldsymbol{a}$ のある除外近傍 $D\cap U^\circ(\boldsymbol{a},\delta)$ 上で $f(\boldsymbol{x})\leq h(\boldsymbol{x})\leq g(\boldsymbol{x})$ なら $\lim_{\boldsymbol{x}\underset{D}{\to}\boldsymbol{a}} h(\boldsymbol{x})=\alpha$ である．

[証明]　証明は 1 変数の場合とほとんど同じです．

a) は

$$|(f+g)(\boldsymbol{x})-(\alpha+\beta)|=|f(\boldsymbol{x})-\alpha+g(\boldsymbol{x})-\beta|\leq|f(\boldsymbol{x})-\alpha|+|g(\boldsymbol{x})-\beta|$$

からすぐに導けます．

b) を導くにはまず不等式

$$\begin{aligned}|(f\cdot g)(\boldsymbol{x})-(\alpha\cdot\beta)|&=|f(\boldsymbol{x})g(\boldsymbol{x})-\alpha g(\boldsymbol{x})+\alpha g(\boldsymbol{x})-\alpha\beta|\\&\leq|f(\boldsymbol{x})-\alpha||g(\boldsymbol{x})|+|\alpha||g(\boldsymbol{x})-\beta|\end{aligned}$$

に注目します．任意に与えられた $\varepsilon>0$ に対して，$\alpha=0$ なら当然 $|\alpha||g(\boldsymbol{x})-\beta|<\varepsilon$ ですし，$\alpha\neq 0$ なら $\beta=\lim_{\boldsymbol{x}\underset{D}{\to}\boldsymbol{a}} g(\boldsymbol{x})$ より $\delta_1>0$ を小さくとれば

$$\boldsymbol{x}\in D\cap U^\circ(\boldsymbol{a},\delta_1)\Rightarrow|g(\boldsymbol{x})-\beta|<\frac{\varepsilon}{2|\alpha|}$$

とできます．また $\delta_2>0$ を小さくとれば

$$\boldsymbol{x}\in D\cap U^\circ(\boldsymbol{a},\delta_2)\Rightarrow|g(\boldsymbol{x})|<|\beta|+1$$

ともできます．さらに $\alpha=\lim_{\boldsymbol{x}\underset{D}{\to}\boldsymbol{a}} f(\boldsymbol{x})$ より $\delta_3>0$ を小さくとれば

$$\boldsymbol{x}\in D\cap U^\circ(\boldsymbol{a},\delta_3)\Rightarrow|f(\boldsymbol{x})-\alpha|<\frac{\varepsilon}{2(|\beta|+1)}$$

ともできますから，$\delta(\varepsilon)=\min\{\delta_1,\delta_2,\delta_3\}$ とすれば $\boldsymbol{x}\in D\cap U^\circ(\boldsymbol{a},\delta(\varepsilon))$ に対して全部の不等式が成り立ち，よって

$$|f(\boldsymbol{x})-\alpha||g(\boldsymbol{x})|+|\alpha||g(\boldsymbol{x})-\beta|<\frac{\varepsilon}{2(|\beta|+1)}(|\beta|+1)+|\alpha|\frac{\varepsilon}{2|\alpha|}=\varepsilon$$

となります．

c) は $\varepsilon=\beta/2$ に対して存在する δ をもってくれば $\boldsymbol{x}\in D\cap U^\circ(\boldsymbol{a};\delta)$ について $|g(\boldsymbol{x})-\beta|<\varepsilon$ ですから，$g(\boldsymbol{x})>\beta-\varepsilon=\beta-\beta/2=\beta/2$ がわかります．

d) は $f/g=f\cdot(1/g)$ ですから b) を使えば，$\lim_{\boldsymbol{x}\underset{D}{\to}\boldsymbol{a}} 1/g(\boldsymbol{x})=1/\beta$ を示せばよいことになります．$\beta\neq 0$ から $\delta_1>0$ を小さくとれば

$$\boldsymbol{x}\in D\cap U^\circ(\boldsymbol{a},\delta_1)\Rightarrow(1/2)|\beta|<|g(\boldsymbol{x})|$$

とできます．よって $\boldsymbol{x}\in D\cap U^\circ(\boldsymbol{a},\delta_1)$ で

$$\left|\frac{1}{g(\boldsymbol{x})}-\frac{1}{\beta}\right|=\left|\frac{\beta-g(\boldsymbol{x})}{g(\boldsymbol{x})\beta}\right|=\frac{|\beta-g(\boldsymbol{x})|}{|g(\boldsymbol{x})||\beta|}\leq\frac{|\beta-g(\boldsymbol{x})|}{(1/2)|\beta|^2}$$

です．任意に与えられた $\varepsilon>0$ に対して $\delta_2>0$ を小さくとれば

$$\boldsymbol{x}\in D\cap U^\circ(\boldsymbol{a},\delta_2)\Rightarrow|\beta-g(\boldsymbol{x})|<(1/2)|\beta|^2\varepsilon$$

とできますから，$\delta(\varepsilon)=\min\{\delta_1,\delta_2\}$ とすれば上式から $\boldsymbol{x}\in D\cap U^\circ(\boldsymbol{a},\delta(\varepsilon))$ で $|1/g(\boldsymbol{x})-1/\beta|<\varepsilon$ が成り立ちます．

e) は $\alpha>\beta$ を仮定して矛盾を導いて示します．$\varepsilon=(\alpha-\beta)/3$ に対して $\delta_1,\delta_2>0$ が存在して $\boldsymbol{x}\in D\cap U^\circ(\boldsymbol{a};\delta_1)$ なら $|f(\boldsymbol{x})-\alpha|<\varepsilon$ と $\boldsymbol{x}\in D\cap U^\circ(\boldsymbol{a};\delta_2)$ なら $|g(\boldsymbol{x})-\beta|<\varepsilon$ が成り立ちます．ここで $\delta'=\min\{\delta,\delta_1,\delta_2\}$ とすれば $\boldsymbol{x}\in D\cap U^\circ(\boldsymbol{a};\delta')$ なる $\boldsymbol{x}$ について $\alpha-\varepsilon<f(\boldsymbol{x})\leq g(\boldsymbol{x})<\beta+\varepsilon$ となりますが，これから $\alpha-\beta<2\varepsilon=(2/3)(\alpha-\beta)$ が得られて矛盾が導かれます．よって $\alpha\leq\beta$ が得られます．

f) は e) からただちに得られます． □

1・4 多変数関数の連続性

1変数関数 $f\colon D \to \mathbb{R}$ が $a \in \mathbb{R}$ で連続であるとは3つの条件：

a) f は a で定義されている，

b) $\lim_{x \underset{D}{\to} a} f(x)$ が存在する，

c) $\lim_{x \underset{D}{\to} a} f(x) = f(a)$ である，

が成り立っていることでした．これに倣って多変数関数でも以下のように定義します．

■ **定義 1・4・1**（連続性） 多変数関数 $f\colon D \to \mathbb{R}$ が $\boldsymbol{a} \in \mathbb{R}^n$ で**連続**であるとは以下の3つの条件が成り立っていることをいう．

a) $\boldsymbol{a} \in D$

b) $\exists \lim_{\boldsymbol{x} \underset{D}{\to} \boldsymbol{a}} f(\boldsymbol{x})$

c) $\lim_{\boldsymbol{x} \underset{D}{\to} \boldsymbol{a}} f(\boldsymbol{x}) = f(\boldsymbol{a})$

3番目の条件が読めるためには当然 f が $\boldsymbol{a}$ で定義されており，$\lim_{\boldsymbol{x} \underset{D}{\to} \boldsymbol{a}} f(\boldsymbol{x})$ が存在しなければなりませんから，3つの条件はまとめて

$$\lim_{\boldsymbol{x} \underset{D}{\to} \boldsymbol{a}} f(\boldsymbol{x}) = f(\boldsymbol{a})$$

と書かれます．極限の定義を取込んで連続性を定義すると以下のようになります．

■ **定義 1・4・2**（連続性） 多変数関数 $f\colon D \to \mathbb{R}$ が $\boldsymbol{a} \in D$ で**連続**であるとは

$$\forall \varepsilon > 0 \, \exists \delta(\varepsilon) > 0 : \boldsymbol{x} \in D \cap U(\boldsymbol{a}, \delta(\varepsilon)) \Rightarrow f(\boldsymbol{x}) \in U(f(\boldsymbol{a}), \varepsilon) \qquad (1・8)$$

をいう．

極限の定義 (1・4) と比較して異なっている点は，$\boldsymbol{a}$ が D の点であること，しかし D の集積点であることは要請されていないこと，さらに除外近傍 $U^\circ(\boldsymbol{a}, \delta(\varepsilon))$ が通常の近傍 $U(\boldsymbol{a}, \delta(\varepsilon))$ に置き代わっていることです．$\boldsymbol{a}$ が D の孤立点なら十分小さな $\delta > 0$ をとると $D \cap U(\boldsymbol{a}, \delta) = \{\boldsymbol{a}\}$ とできますから，定義式 (1・8) の $\boldsymbol{x}$ として選ばれるのは $\boldsymbol{a}$ だけとなり，ε がどのように小さくても自明に $f(\boldsymbol{a}) \in U(f(\boldsymbol{a}), \varepsilon)$ が成り立ちます．ですから

■ **補助定理 1・4・3** どのような関数もその定義域の孤立点では連続である．

ことが得られます．また連続性の定義は

$$\forall \varepsilon > 0 \, \exists \delta(\varepsilon) > 0 : f(D \cap U(\boldsymbol{a}; \delta(\varepsilon))) \subseteq U(f(\boldsymbol{a}); \varepsilon) \qquad (1・9)$$

と書くこともできます．$\boldsymbol{a}$ の近傍 $D\cap U(\boldsymbol{a};\delta(\varepsilon))$ が f によって $f(\boldsymbol{a})$ の近傍 $U(f(\boldsymbol{a});\varepsilon)$ に運ばれていることが読みとれます．

■ **明日へ 1·4·4** 関数 $f\colon D\to\mathbb{R}$ が $\boldsymbol{a}\in D$ で連続であることの必要十分な条件として，

> $f(\boldsymbol{a})$ を要素にもつ $\mathbb{R}$ の任意の開集合 W に対して $f(V)\subseteq W$ となる $\boldsymbol{a}$ を要素にもつ D の開集合 V が存在する

があります．

この条件が連続性の十分条件であることは以下のようにわかります．連続性の定義 1·4·2 の式 (1·8) に現れる $U(f(\boldsymbol{a});\varepsilon)$ は $\mathbb{R}$ の開集合ですから，これを上記の W と考えれば $f(V)\subseteq W=U(f(\boldsymbol{a});\varepsilon)$ となる $\boldsymbol{a}$ を含む D の開集合 V が存在します．V は D の開集合ですから $\delta>0$ を小さくとれば $D\cap U(\boldsymbol{a};\delta)\subseteq V$ とできますので，結局 $f(D\cap U(\boldsymbol{a};\delta))\subseteq f(V)\subseteq U(f(\boldsymbol{a});\varepsilon)$ が得られます．

次に必要性を示すために連続性を仮定して W を $f(\boldsymbol{a})\in W$ なる開集合とします．$\varepsilon>0$ を小さくとれば $U(f(\boldsymbol{a});\varepsilon)\subseteq W$ とできます．この ε に対して定義 (1·9) を用いれば，$\delta>0$ がとれて $f(D\cap U(\boldsymbol{a};\delta))\subseteq U(f(\boldsymbol{a});\varepsilon)\subseteq W$ が得られます．$D\cap U(\boldsymbol{a};\delta)$ は D の開集合ですので，上記の条件の V の存在が得られて，必要性が示されました．

上に示した連続性の必要十分条件は開集合だけによって述べられていることに注意してください．距離が定義されていない一般の位相空間を定義域と値域にもつ関数に対してもこの定義によって関数の連続性が定義されます．

■ **例 1·4·5** 図 1·11 に示した関数

$$f(x,y)=\begin{cases}\dfrac{xy}{\sqrt{x^2+y^2}} & ((x,y)\neq(0,0))\\ 0 & ((x,y)=(0,0))\end{cases}$$

を例にとって連続性の定義を振返ってみます．定義域は $D=\mathbb{R}^2$ です．$\boldsymbol{a}=(0,0)$ に対して定義 1·4·2 を書き下すと

$$\forall\varepsilon>0\,\exists\delta(\varepsilon)>0: d((x,y),(0,0))<\delta(\varepsilon)\Rightarrow|f(x,y)-f(0,0)|<\varepsilon$$

となります．$(x,y)=(0,0)$ の場合は自明ですから，$(x,y)\neq(0,0)$ の場合を考えます．距離 d の定義と $f(0,0)=0$ を上式に代入すると

$$\forall\varepsilon>0\,\exists\delta(\varepsilon)>0:\sqrt{(x-0)^2+(y-0)^2}<\delta(\varepsilon)\Rightarrow\left|\frac{xy}{\sqrt{x^2+y^2}}-0\right|<\varepsilon$$

となります．

$$\left|\frac{xy}{\sqrt{x^2+y^2}}-0\right|=\frac{|x||y|}{\sqrt{x^2+y^2}}\leq\frac{x^2+y^2}{\sqrt{x^2+y^2}}=\sqrt{x^2+y^2}$$

ですから[1]，結局

$$\forall\varepsilon>0\,\exists\delta(\varepsilon)>0:\sqrt{x^2+y^2}<\delta(\varepsilon)\Rightarrow\sqrt{x^2+y^2}<\varepsilon$$

を示せばよいことになりますが，与えられた ε 自身を $\delta(\varepsilon)$ としてとればよいことは明らかです．これでこの関数の原点での連続性が示せました．

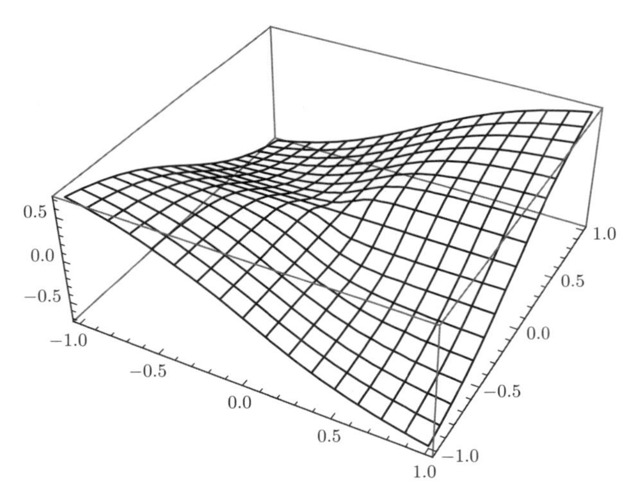

図 1・11 関数 $f(x,y)=xy/\sqrt{x^2+y^2}$ のグラフ

■ 例 1・4・6 では，分母を少し変えた関数（図 1・12 に示す）

$$f(x,y)=\begin{cases}\dfrac{xy}{x^2+y^2} & ((x,y)\neq(0,0))\\ 0 & ((x,y)=(0,0))\end{cases}$$

は原点で連続でしょうか．これも定義域は $D=\mathbb{R}^2$ です．$A_m=\{(x,y)\,|\,y=mx\}$ 上で原点に近づいてみます．つまり，$x=t,y=mt$ とすると $t\neq0$ で

$$f(x,y)=f(t,mt)=\frac{mt^2}{t^2+m^2t^2}=\frac{m}{1+m^2}$$

となります．よって $\lim_{(x,y)\underset{A_m}{\to}(0,0)}f(x,y)=\lim_{t\to0}f(t,mt)=m/(1+m^2)$ となり，

1）この不等式は $0\leq(|x|-|y|)^2=|x|^2-2|x||y|+|y|^2=x^2-2|x||y|+y^2$ から得られます．長さ $|x|$ と $|y|$ の辺をもつ長方形の面積よりもその対角線を一辺にもつ正方形の面積の方が大きいという話です．

$\lim_{(x,y)\underset{D}{\to}(0,0)} f(x,y)$ は存在せず，したがって原点で連続ではありません．

あるいは同じことですが，$x=r\cos\theta, y=r\sin\theta$ なる変数変換を行うと

$$f(x,y)=f(r\cos\theta, r\sin\theta)=\frac{r^2\cos\theta\sin\theta}{r^2\cos^2\theta+r^2\sin^2\theta}=\cos\theta\sin\theta$$

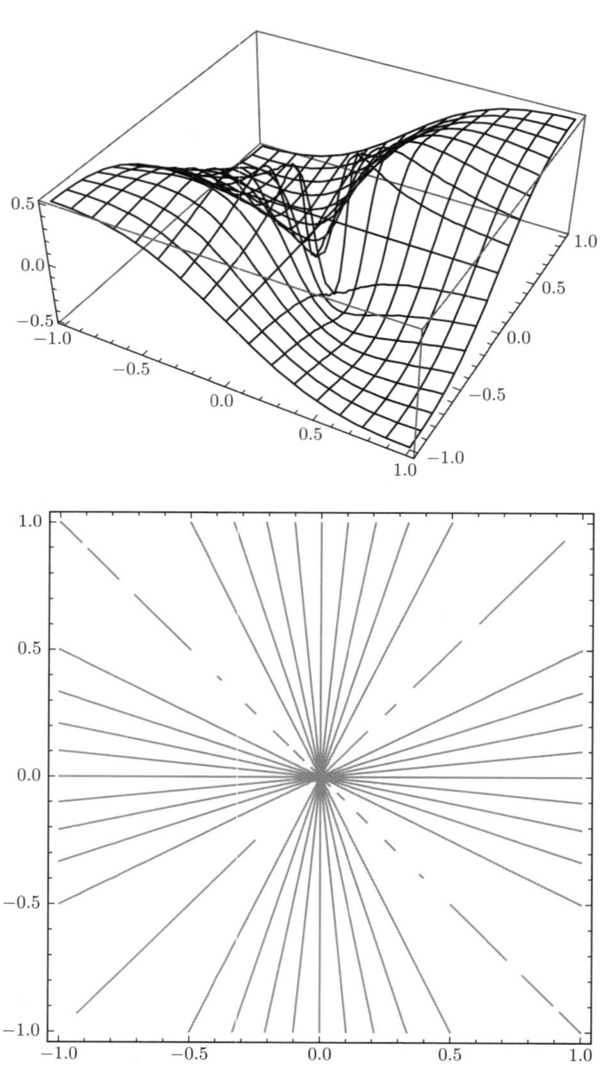

図 1・12　関数 $f(x,y)=xy/(x^2+y^2)$ のグラフと等高線

となって，$r \to 0$ のときの極限は θ だけによって決まるさまざまな値をとります．よって $\lim_{(x,y)\underset{D}{\to}(0,0)} f(x,y)$ は存在しません．

しかし，この関数はどちらか一方の変数を固定して，他方の変数の関数としては連続です．たとえば，$y=b\neq 0$ に固定すると $f(x,y)=bx/(x^2+b^2)$ ですから，これは x の関数として連続です．

1 変数関数としての連続性を繰返しても 2 変数関数としての連続性は出てこないことを記憶しておいてください．

問題 1・4・7

$$f(x,y)=\begin{cases} \dfrac{x^2y}{x^4+y^2} & ((x,y)\neq(0,0)) \\ 0 & ((x,y)=(0,0)) \end{cases}$$

が原点で連続かどうかを議論しなさい．

ヒント：$(x,y)=(t,t)$ なる道と $(x,y)=(t,t^2)$ なる道に沿った極限を考えなさい．

以下に連続関数の性質を少しだけ補っておきます．

■ **補助定理 1・4・8**（連続関数の性質）　関数 $f,g\colon D\to\mathbb{R}$ は $\boldsymbol{a}\in D$ で連続であるとすると以下が成り立つ．

a)　関数 $f+g$ は $\boldsymbol{a}$ で連続である．

b)　関数 $f\cdot g$ は $\boldsymbol{a}$ で連続である．

c)　$g(\boldsymbol{a})>0$ なら $\boldsymbol{a}$ のある近傍 $D\cap U(\boldsymbol{a},\delta)$ 上で $g(\boldsymbol{x})>g(\boldsymbol{a})/2$ となる．

d)　$g(\boldsymbol{a})\neq 0$ なら関数 f/g は $\boldsymbol{a}$ で連続である[1)]．

［証明］　$\boldsymbol{a}$ が D の孤立点ならいずれの性質も自明です．集積点なら補助定理 1・3・10 で $\alpha=f(\boldsymbol{a}),\beta=g(\boldsymbol{a})$ とすれば導けます．　□

■ **補助定理 1・4・9**（合成関数の連続性）　関数 $f\colon D\subseteq\mathbb{R}^n\to C\subseteq\mathbb{R}$ は $\boldsymbol{a}\in D$ で連続で，$g\colon C\to\mathbb{R}$ は $f(\boldsymbol{a})\in C$ で連続とすると，合成関数 $g\circ f\colon D\to\mathbb{R}$ は $\boldsymbol{a}$ で連続である[2)]．

［証明］　合成関数のイメージ図 1・13 を見ながら証明を読んでください．$\varepsilon>0$ を任

---

1)　$g(\boldsymbol{a})\neq 0$ より f/g は $\boldsymbol{a}$ のある近傍 $U(\boldsymbol{a},\delta)$ 上で定義できます．

2)　ここでは C を $\mathbb{R}$ の部分集合に限定しましたが，ベクトル値関数の連続性を定義しておけば，$C\subseteq\mathbb{R}^m$ の場合にも同様の結果が得られます．

意に与えられた実数とすると，g が $f(\boldsymbol{a})$ で連続であることから

$$\exists\delta_1>0 : g(C\cap U(f(\boldsymbol{a});\delta_1))\subseteq U((g\circ f)(\boldsymbol{a});\varepsilon)$$

です．さらに f が $\boldsymbol{a}$ で連続ですから，上の δ_1 に対して

$$\exists\delta_2>0 : f(D\cap U(\boldsymbol{a};\delta_2))\subseteq U(f(\boldsymbol{a});\delta_1)$$

です．f の値域は C ですから

$$f(D\cap U(\boldsymbol{a};\delta_2))\subseteq C\cap U(f(\boldsymbol{a});\delta_1)$$

がわかり，まとめると

$$(g\circ f)(D\cap U(\boldsymbol{a};\delta_2))\subseteq g(C\cap U(f(\boldsymbol{a});\delta_1))\subseteq U((g\circ f)(\boldsymbol{a});\varepsilon)$$

が得られて証明が終わります． □

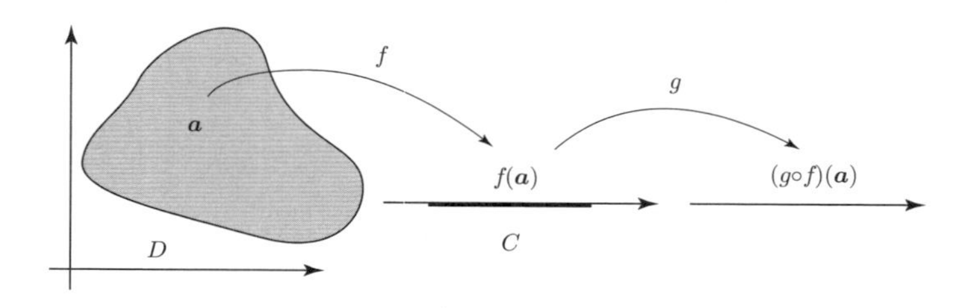

図 1・13 合成関数 $g\circ f$

関数 $f\colon D\to\mathbb{R}$ と定義域 D の部分集合 $A\subseteq D$ に対して，f を A に制限した関数を $\phi\colon A\to\mathbb{R}$ とし，ϕ が A のどの点でも連続であるとき f は A **上で連続**であるといいます．A 上では $\phi(\boldsymbol{x})=f(\boldsymbol{x})$ ですから，これを式で書くと

$$\forall\boldsymbol{a}\in A\,\forall\varepsilon>0\,\exists\delta(\boldsymbol{a},\varepsilon)>0 : \boldsymbol{x}\in A\cap U(\boldsymbol{a};\delta(\boldsymbol{a},\varepsilon))\Rightarrow f(\boldsymbol{x})\in U(f(\boldsymbol{a});\varepsilon)$$

です．ここでは $\delta(\boldsymbol{a},\varepsilon)$ が ε だけでなく $\boldsymbol{a}$ にも依存してよいことを記憶しておいてください．A 上で連続な関数は A 上の $\mathcal{C}^0$–**級関数**とよばれ，そのような関数を集めた関数の集合（関数のクラスといいます）を $\mathcal{C}^0(A)$ と書くことにします[1)]．以下の補助定理とそれに続く定理は $\mathcal{C}^0(A)$ の関数の性質です．

■ **補助定理 1·4·10**（コンパクト集合上の連続関数の有界性） 関数 $f\colon D\to\mathbb{R}$ が D のコンパクト部分集合 A 上で連続なら A 上で有界である．

1）後で $\mathcal{C}^1$ や $\mathcal{C}^2$ が登場します．

[証明] 任意の $\boldsymbol{x}\in A$ に対して $m\leq f(\boldsymbol{x})\leq M$ となる m と M の存在を示します．そのため M が存在しないと仮定します．そうすると，$M=1$ に対して $f(\boldsymbol{x})>M=1$ なる $\boldsymbol{x}\in A$ が存在しますので、そのような点の 1 つを $\boldsymbol{a}_1$ とします．同様に $M=2$ についても $f(\boldsymbol{a}_2)>M=2$ なる $\boldsymbol{a}_2\in A$ が存在します．結局どのような自然数 $k\in\mathbb{N}$ についても $f(\boldsymbol{a}_k)>k$ となる点 $\boldsymbol{a}_k\in A$ が存在します．この点を集めた点列 $\{\boldsymbol{a}_k\}_{k\in\mathbb{N}}$ には定理 1・2・23 から収束部分点列 $\{\boldsymbol{a}_{k_i}\}_{i\in\mathbb{N}}$ が存在し，その収束先を $\boldsymbol{a}$ とすると，A はコンパクトですから $\boldsymbol{a}\in A$ となります．f の連続性から

$$f(\boldsymbol{a})=\lim_{i\to\infty}f(\boldsymbol{a}_{k_i})\geq\lim_{i\to\infty}k_i=+\infty$$

となりますが，A の要素 $\boldsymbol{a}$ が f の定義域 D に含まれることから左辺は有限の値をとりますので，これは矛盾です．m の存在も同様に示せます． □

この補助定理の結論は $-\infty<\inf_{\boldsymbol{x}\in A}f(\boldsymbol{x})$ かつ $\sup_{\boldsymbol{x}\in A}f(\boldsymbol{x})<+\infty$ と書くこともできます．

■ **定理 1・4・11** (最大値と最小値の存在) $f\colon D\to\mathbb{R}$ が D のコンパクト部分集合 A 上で連続なら f は A 上で最大値と最小値をもつ．

[証明] 最大値の存在を示すために f の A 上での上限を

$$\alpha=\sup_{\boldsymbol{x}\in A}f(\boldsymbol{x})$$

とします．補助定理 1・4・10 より α は有限の値ですし，上限の定義より

$$\forall\varepsilon>0\ \exists\boldsymbol{a}(\varepsilon)\in A:\alpha-\varepsilon<f(\boldsymbol{a}(\varepsilon))\leq\alpha$$

がわかります．ここで ε として $1,1/2,1/3,\ldots,1/k,\ldots$ をとり，それに対して存在する点 $\boldsymbol{a}(\varepsilon)$ を $\boldsymbol{a}_1,\boldsymbol{a}_1,\ldots,\boldsymbol{a}_k,\ldots$ として，点列 $\{\boldsymbol{a}_k\}_{k\in\mathbb{N}}$ をつくります．定理 1・2・23 からこの点列には収束部分点列 $\{\boldsymbol{a}_{k_i}\}_{i\in\mathbb{N}}$ が存在し，その収束先を $\boldsymbol{a}$ とすると $\boldsymbol{a}\in A$ となります．また，f の連続性から

$$f(\boldsymbol{a})=\lim_{i\to\infty}f(\boldsymbol{a}_{k_i})\geq\lim_{i\to\infty}(\alpha-1/k_i)=\alpha=\sup_{\boldsymbol{x}\in A}f(\boldsymbol{x})$$

が得られ，$\boldsymbol{a}$ は A 上で f の最大値を与える点であることがわかります．当然最小値の存在も同様に示せます． □

問題 1・4・12

$$f(x,y)=\begin{cases}\dfrac{x^2\sqrt{|x+y|}}{x^2+y^2} & ((x,y)\neq(0,0))\\ 0 & ((x,y)=(0,0))\end{cases}$$

が $(x,y)=(0,0)$ で連続であることを示しなさい．

ヒント：不等式 $x^2\sqrt{|x+y|}/(x^2+y^2)\leq\sqrt{|x+y|}$ を使いなさい．

関数 f がその定義域 D の部分集合 A 上で連続とは

$$\forall\boldsymbol{a}\in A\,\forall\varepsilon>0\,\exists\delta(\boldsymbol{a},\varepsilon)>0:\boldsymbol{x}\in A\cap U(\boldsymbol{a};\delta(\boldsymbol{a},\varepsilon))\Rightarrow f(\boldsymbol{x})\in U(f(\boldsymbol{a});\varepsilon)$$

でした．ε が与えられたとき A の相異なる点 $\boldsymbol{a}$ と $\boldsymbol{b}$ に対してこの条件を成り立たせる $\delta(\boldsymbol{a},\varepsilon)$ と $\delta(\boldsymbol{b},\varepsilon)$ は異なっていても構いません．それを陽に示すために $\delta(\cdot,\varepsilon)$ に $\boldsymbol{a}$ や $\boldsymbol{b}$ が書かれています．この $\delta(\cdot,\varepsilon)$ が点に依存しないでとれるときに関数は A 上で一様連続であるといいます．つまり

$$\forall\boldsymbol{a}\in A\,\forall\varepsilon>0\,\exists\delta(\varepsilon)>0:\boldsymbol{x}\in A\cap U(\boldsymbol{a};\delta(\varepsilon))\Rightarrow f(\boldsymbol{x})\in U(f(\boldsymbol{a});\varepsilon)$$

です．$\delta(\varepsilon)$ が $\boldsymbol{a}$ に依存しないことと $\boldsymbol{a}$ が任意であることに注意すると一様連続性は以下のように定義できます．

■ **定義 1·4·13**（一様連続性）　関数 f がその定義域 D の部分集合 A 上で**一様連続**とは

$$\forall\varepsilon>0\,\exists\delta(\varepsilon)>0:\boldsymbol{x},\boldsymbol{y}\in A\wedge d(\boldsymbol{x},\boldsymbol{y})<\delta(\varepsilon)\Rightarrow|f(\boldsymbol{x})-f(\boldsymbol{y})|<\varepsilon$$

をいう．

A 上の連続関数の定義に登場する $\delta(\boldsymbol{a},\varepsilon)$ と ε の比 $\varepsilon/\delta(\boldsymbol{a},\varepsilon)$ は点 $\boldsymbol{a}$ での関数の変化の割合のようなものと解釈できますから，一様連続とはその変化割合が A の上で，場所によらず抑えられていることを意味しています．直径 δ の小さな窓を通して集合 A を眺め回し，窓越しに見えた関数 f の最も大きい振れ幅を連続度として次のように定義します．

■ **定義 1·4·14**（連続度）　関数 $f\colon D\to\mathbb{R}$ と $A\subseteq D$ に対して

$$\Omega(f;A,\delta)=\sup\{\,|f(\boldsymbol{x})-f(\boldsymbol{y})|\,|\,\boldsymbol{x},\boldsymbol{y}\in A;d(\boldsymbol{x},\boldsymbol{y})<\delta\,\}$$

を f の A 上の**連続度**という．

連続度 $\Omega(f;A,\delta)$ は非負で δ の関数として単調であること，つまり

$$0<\delta_1<\delta_2\Rightarrow 0\leq\Omega(f;A,\delta_1)\leq\Omega(f;A,\delta_2)$$

であることに注意すると，連続度を用いた一様連続性の特徴づけが次にように得られます．

■ **補助定理 1·4·15**　関数 $f\colon D\to\mathbb{R}$ と $A\subseteq D$ について $\lim_{\delta\to 0+}\Omega(f;A,\delta)=0$ は

f が A 上で一様連続であるための必要十分条件である.

[証明] まず $\lim_{\delta\to 0+}\Omega(f;A,\delta)=0$ を仮定すると，任意の $\varepsilon>0$ に対して $\delta(\varepsilon)>0$ が存在して $0<\delta<\delta(\varepsilon)$ なら $\Omega(f;A,\delta)<\varepsilon$ です．よって $\boldsymbol{x},\boldsymbol{y}\in A$ で $d(\boldsymbol{x},\boldsymbol{y})<\delta(\varepsilon)$ なら $|f(\boldsymbol{x})-f(\boldsymbol{y})|<\varepsilon$ が得られます．逆に一様連続性を仮定すると任意に与えられた $\varepsilon>0$ に対して，$\boldsymbol{x},\boldsymbol{y}\in A$ かつ $d(\boldsymbol{x},\boldsymbol{y})<\delta(\varepsilon)$ なら $|f(\boldsymbol{x})-f(\boldsymbol{y})|<\varepsilon/2$ となる $\delta(\varepsilon)>0$ が存在しますので，$0<\delta<\delta(\varepsilon)$ に対して $\Omega(f;A,\delta)\leq\Omega(f,A;\delta(\varepsilon))=\sup_{\boldsymbol{x},\boldsymbol{y}\in A;d(\boldsymbol{x},\boldsymbol{y})<\delta(\varepsilon)}|f(\boldsymbol{x})-f(\boldsymbol{y})|\leq\varepsilon/2<\varepsilon$ が得られます．よって $\lim_{\delta\to 0+}\Omega(f;A,\delta)=0$ です． □

次の定理は連続関数の積分可能性を議論するときに重要な定理です．証明は 1 変数関数の場合と同様ですが，繰返しを厭わずに書いておくことにします．

■ **定理 1・4・16**（コンパクト集合上の連続関数の一様連続性） $f\colon D\to\mathbb{R}$ が D のコンパクト部分集合 A 上で連続なら，f は A 上で一様連続である．

[証明] 背理法によって証明するために，f が A 上で一様連続でないと仮定します．一様連続性の定義を否定すると，ある $\varepsilon>0$ が存在して，どのような $\delta>0$ をとっても，A の点 $\boldsymbol{x}$ と $\boldsymbol{y}$ で $d(\boldsymbol{x},\boldsymbol{y})<\delta$ であるが，$|f(\boldsymbol{x})-f(\boldsymbol{y})|\geq\varepsilon$ となるものが存在することになります．式で書くと

$$\exists\varepsilon>0:\forall\delta>0\,\exists\boldsymbol{x}(\delta),\boldsymbol{y}(\delta)\in A: d(\boldsymbol{x}(\delta),\boldsymbol{y}(\delta))<\delta\wedge|f(\boldsymbol{x}(\delta))-f(\boldsymbol{y}(\delta))|\geq\varepsilon$$

です．点 $\boldsymbol{x}(\delta)$ と $\boldsymbol{y}(\delta)$ は δ に依存するので，( ) の中に δ を添えました．ここで δ として $1,1/2,1/3,\ldots,1/k,\ldots$ を採用しましょう．これについても $\boldsymbol{x}(\delta)$ と $\boldsymbol{y}(\delta)$ が存在しますから，それを $\boldsymbol{x}_k$ と $\boldsymbol{y}_k$ と書きます．そうすると $k=1,2,\ldots$ に対して A の点 $\boldsymbol{x}_k$ と $\boldsymbol{y}_k$ で

$$d(\boldsymbol{x}_k,\boldsymbol{y}_k)<1/k\wedge|f(\boldsymbol{x}_k)-f(\boldsymbol{y}_k)|\geq\varepsilon$$

となるものが存在します．

点列 $\{\boldsymbol{x}_k\}_{k\in\mathbb{N}}$ はコンパクト集合 A に含まれていますから，その収束部分点列が存在します．それを $\{\boldsymbol{x}_{k_i}\}_{i\in\mathbb{N}}$ とします．$\{\boldsymbol{y}_k\}_{k\in\mathbb{N}}$ の部分点列で同じ添字 k_i をもつ部分点列 $\{\boldsymbol{y}_{k_i}\}_{i\in\mathbb{N}}$ も収束します．これらの収束先を

$$\bar{\boldsymbol{x}}=\lim_{i\to\infty}\boldsymbol{x}_{k_i},\quad\bar{\boldsymbol{y}}=\lim_{i\to\infty}\boldsymbol{y}_{k_i}$$

とします．A はコンパクト集合ですからこの収束先 $\bar{\boldsymbol{x}},\bar{\boldsymbol{y}}$ は A に含まれます．$d(\boldsymbol{x}_{k_i},\boldsymbol{y}_{k_i})<1/k_i$ でかつ $i\to\infty$ のとき $k_i\to\infty$ であることから $\bar{\boldsymbol{x}}=\bar{\boldsymbol{y}}$ が得られます．一方，$|f(\boldsymbol{x}_{k_i})-f(\boldsymbol{y}_{k_i})|\geq\varepsilon$ より，関数 f と絶対値 $|\cdot|$ の連続性から $|f(\bar{\boldsymbol{x}})-f(\bar{\boldsymbol{y}})|\geq\varepsilon$

となりますが，これは矛盾です．よって，初めの仮定が否定されて，定理が証明されました．　□

■ **明日へ 1·4·17**　明日へ 1·2·21 に書いたようにコンパクト性は一般に，任意の開被覆から常に有限部分被覆を選ぶことができると定義されています．この定義を使って定理 1·4·16 を示しておきましょう．有限部分被覆が選べるという条件がどのように働いているかがわかります．

まず $\varepsilon>0$ を任意に与えると，f が A 上で連続であることから $\boldsymbol{a}$ ごとに $\delta(\boldsymbol{a},\varepsilon)>0$ が存在して

$$\boldsymbol{x}\in A\cap U(\boldsymbol{a};\delta(\boldsymbol{a},\varepsilon))\Rightarrow f(\boldsymbol{x})\in U(f(\boldsymbol{a});\varepsilon/2)$$

です．この $\delta(\boldsymbol{a},\varepsilon)$ はこれまでの記法を踏襲すると $\delta(\boldsymbol{a},\varepsilon/2)$ と書くべきなのですが，後で出てくる式が見づらくなるので $\delta(\boldsymbol{a},\varepsilon)$ としました．図 1·14 の一番外側の円が $U(\boldsymbol{a};\delta(\boldsymbol{a},\varepsilon))$ です．$\delta(\boldsymbol{a},\varepsilon)$ の半分を半径とする $\boldsymbol{a}$ の近傍 $U(\boldsymbol{a};\delta(\boldsymbol{a},\varepsilon)/2)$ は $A\subseteq\bigcup_{\boldsymbol{a}\in A}U(\boldsymbol{a};\delta(\boldsymbol{a},\varepsilon)/2)$ ですから A の開被覆です．A がコンパクトであることを使うとこの開被覆から有限部分被覆が選べます．選ばれた有限部分被覆をつくっている近傍の中心を $\boldsymbol{a}_1,\boldsymbol{a}_2,\ldots,\boldsymbol{a}_m$ とすれば

$$A\subseteq\bigcup_{i=1}^{m}U(\boldsymbol{a}_i;\delta(\boldsymbol{a}_i,\varepsilon)/2)$$

です．ここで $\delta=\min\{\,\delta(\boldsymbol{a}_i,\varepsilon)/2\,|\,i=1,2,\ldots,m\}$ とします．図 1·14 の破線矢印が δ の大きさを表しています．この δ が一様連続性を保証する δ であることを示しま

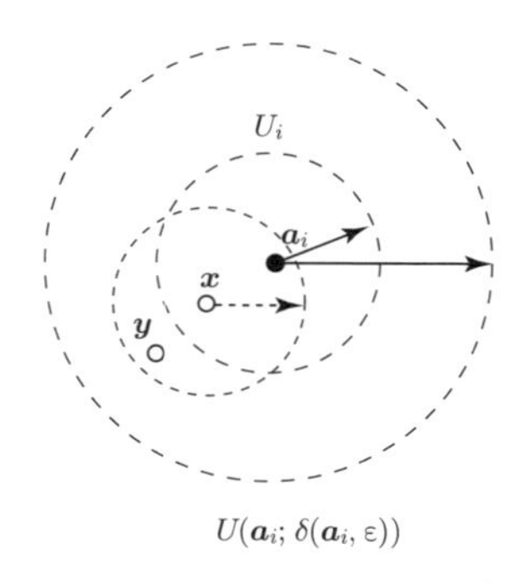

図 1·14　有限部分被覆による一様連続性の証明

す．そのために A から任意に 2 点 $\boldsymbol{x},\boldsymbol{y}$ をもってきて $d(\boldsymbol{x},\boldsymbol{y})<\delta$ と仮定します．まず $\boldsymbol{x}\in U(\boldsymbol{a}_i;\delta(\boldsymbol{a}_i,\varepsilon)/2)$ なる i があります．δ の決め方から

$$d(\boldsymbol{y},\boldsymbol{a}_i)\leq d(\boldsymbol{y},\boldsymbol{x})+d(\boldsymbol{x},\boldsymbol{a}_i)<\delta+\delta(\boldsymbol{a}_i,\varepsilon)/2\leq\delta(\boldsymbol{a}_i,\varepsilon)$$

ですから $\boldsymbol{y}$ も同じ近傍 $U(\boldsymbol{a}_i;\delta(\boldsymbol{a}_i,\varepsilon))$ に属します．そうすると

$$|f(\boldsymbol{x})-f(\boldsymbol{y})|\leq|f(\boldsymbol{x})-f(\boldsymbol{a}_i)|+|f(\boldsymbol{a}_i)-f(\boldsymbol{y})|<\frac{\varepsilon}{2}+\frac{\varepsilon}{2}=\varepsilon$$

が得られます．点に依存しないで δ がとれましたので，これで一様連続性が示されました．

1・5 中間値の定理

1 変数関数の連続性はそのグラフがつながっているというイメージですが，次の中間値の定理はこの顕著な性質を表現していました．

■ **定理 1・5・1**（1 変数関数の中間値の定理） $f\colon[a,b]\to\mathbb{R}$ を $[a,b]$ 上の連続関数とし $f(a)<f(b)$ と仮定する．このとき $f(a)<\alpha<f(b)$ なる任意の α に対して $f(c)=\alpha$ となる点 c が開区間 (a,b) に存在する．

関数の連続性に加えて定義域が区間であることもこの定理を成り立たせるために重要な役割を演じています．たとえば

$$f(x)=\begin{cases}-1 & (x\in[-1,0))\\ +1 & (x\in(0,+1])\end{cases}$$

はその定義域 $D=[-1,+1]\setminus\{0\}$ 上で連続で $f(-1)=-1, f(+1)=+1$ ですが $f(c)=0$ となる c は存在しません．グラフがつながっているためには定義域もつながっていなければなりません．この定理を多変数関数に拡張するために，まず定義域の連結性を定義します．

■ **定義 1・5・2** 区間 $[0,1]$ 上で連続な n 個の実数値関数 $w_i\colon[0,1]\to\mathbb{R}$ をまとめて $\boldsymbol{w}(t)=(w_1(t),w_2(t),\ldots,w_n(t))$ と書き，$\boldsymbol{w}$ による $[0,1]$ の像 $\{\boldsymbol{w}(t)\in\mathbb{R}^n\mid t\in[0,1]\}$，あるいは関数 $\boldsymbol{w}$ 自身を**道**とよぶ．集合 $D\subseteq\mathbb{R}^n$ の任意の 2 点 $\boldsymbol{x}$ と $\boldsymbol{y}$ に対して $\boldsymbol{w}(0)=\boldsymbol{x}, \boldsymbol{w}(1)=\boldsymbol{y}$ でしかも任意の $t\in[0,1]$ で $\boldsymbol{w}(t)\in D$ となる道があるとき，D は**連結**であるという[1)]．また，連結な開集合を**領域**といい，領域の閉包を**閉領域**という．

図 1・15 に連結集合 D と道を描きました．関数 (w_1,w_2) によって区間 $[0,1]$ が集合 D の中に移されています．$n=1$ なら，領域は開区間，閉領域は閉区間となります．次に示す多変数関数の**中間値の定理**は連結集合上で定義された連続関数に対して成り立ちます．

---

1) この定義では**弧状連結**という名称の方がふさしいのですがここでは単に連結とよぶことにします．詳しいことは小平邦彦，“解析入門II”，岩波書店（2004）などを見てください．

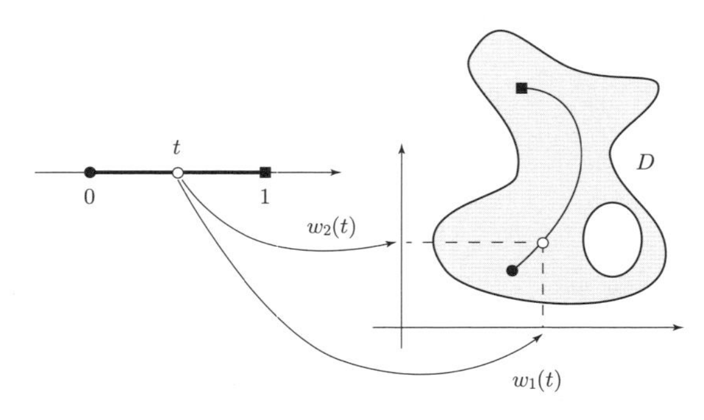

図 1・15　連結集合

■ **定理 1・5・3**（中間値の定理）　$D \subseteq \mathbb{R}^n$ を連結集合，関数 $f\colon D \to \mathbb{R}$ を D 上で連続な関数とし，$\boldsymbol{a}, \boldsymbol{b} \in D$ で $f(\boldsymbol{a}) < f(\boldsymbol{b})$ とする．このとき $f(\boldsymbol{a}) < \alpha < f(\boldsymbol{b})$ なる任意の α に対して $f(\boldsymbol{c}) = \alpha$ となる点 $\boldsymbol{c}$ が D に存在する．

［証明］　D が連結であることから $\boldsymbol{a}$ と $\boldsymbol{b}$ をつなぐ道を与える連続関数 $\boldsymbol{w}\colon [0,1] \to D$ があります．ここで $\varphi(t) = f(\boldsymbol{w}(t))$ とすればこれは $[0,1]$ 上の連続関数となるので，1 変数の中間値の定理より $c \in (0,1)$ が存在して $\varphi(c) = \alpha$ が成り立ちます．よって点 $\boldsymbol{c} = \boldsymbol{w}(c)$ は定理の条件を満たします．□

この定理から次の系がすぐに得られます．

■ **系 1・5・4**　$D \subseteq R^n$ を連結集合，関数 $f\colon D \to \mathbb{R}$ を D 上で連続な関数とすると，f による D の像 $f(D)$ は $\mathbb{R}$ の区間となる．

特に D が有界な閉領域なら $f(D)$ は $\mathbb{R}$ の閉区間となることが示せます．

問題 1・5・5　D が閉領域で f がその上で連続でも D が有界でないと $f(D)$ が必ずしも閉区間とならないことを関数 $f(x) = 1/(1+e^{-x})$ で確かめなさい．

ヒント：$\mathbb{R}$ は閉領域で，任意の $x \in \mathbb{R}$ で $0 < f(x) < 1$ です．

1・6　陰関数定理と逆関数定理

多くの本では陰関数定理は偏微分の導入後に紹介されていますが，ここでは 2 変数関数に対して偏微分を用いない形の陰関数定理を示しておきます．

たとえば線形関数 $g(x,y) = ax + by - c$ が与えられ $g(x,y) = 0$ が変数 y に関して解き出せる条件は当然 $b \neq 0$ で，変数 y を解き出した式は $y = c/b - (a/b)x$ となります．g は $b > 0$ なら各 x に対して y の狭義増加関数，$b < 0$ なら狭義減少関数となるこ

とを記憶しておいてください．さて，こんどは $g(x,y)=x^2+y^2-2$ とし $g(x,y)=0$ を満たす点の全体を考えます．これは原点中心で半径 $\sqrt{2}$ の円を形作ります．一般に関数 $g(x,y)$ が与えられたときに $\Gamma=\{(x,y)\,|\,(x,y)\in\mathbb{R}^2, g(x,y)=0\}$ がどんな図形になるか興味のあるところです．上の円の例では $g(x,y)=0$ を y に関して解き出すと $y=\pm\sqrt{2-x^2}$ という形が得られ，x に対して y の値が一意に定まりません．たとえば $g(x,y)=0$ を満たす点として $(a,b)=(1,1)$（図1・16の●）をとります．考える x の範囲を $a=1$ を内部に含む区間に制限してみます．たとえば $(0.9, 1.1)$ に制限しても，$g(x,y)=0$ を満たす y は正負の符号をもった2個存在します．そこで，y についてもその範囲を $b=1$ を内部に含む区間，たとえば $(0.8, 1.2)$ に制限すると，この範囲 $\{(x,y)\,|\,0.9<x<1.1, 0.8<y<1.2\}$ では $y=\sqrt{2-x^2}$ だけが $g(x,y)=0$ を満たす y となります．一方，$(a,b)=(\sqrt{2},0)$ をとると，考える x と y の範囲を (a,b) をその内部にもつどのように小さな区間の組合わせに制限しても“$y=\varphi(x)$ だけが $g(x,y)=0$ を満たす y となる”といえるような関数 φ をつくることができません．ただし，x と y の役割を交換して，この点では“$x=\phi(y)$ だけが $g(x,y)=0$ を満たす x となる”といえる関数 ϕ をつくることはできます．

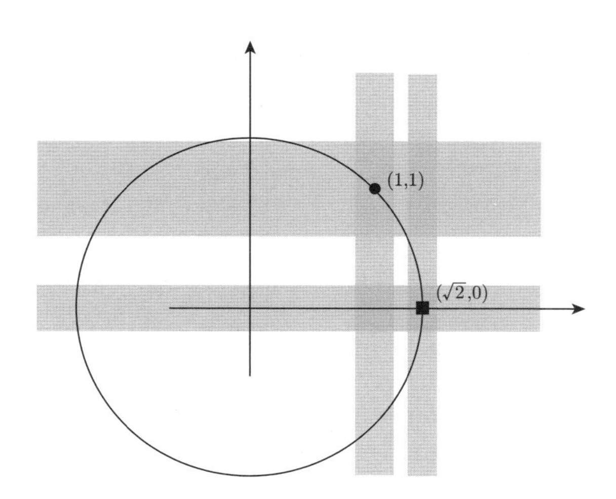

図 1・16　$g(x,y)=x^2+y^2-2=0$ のつくる図形

陰関数定理は $g(x,y)=0$ を満たす点 (a,b) の近傍でこの式を満たす y が $y=\varphi(x)$ と陽に解き出せる条件を与えます．

■ **定理 1・6・1**（陰関数定理）　2変数関数 g の定義域を $D\subseteq\mathbb{R}^2$，点 (a,b) を $D\subseteq\mathbb{R}^2$

の内点とし，$U(a;r)\times U(b;r)\subseteq D$ とする．$g\colon D\to\mathbb{R}$ に以下の条件を仮定する．

a)　$g(a,b)=0$

b)　各 $x\in U(a;r)$ で $g(x,y)$ は y の関数として $U(b;r)$ 上で狭義単調増加連続関数

c)　各 $y\in U(b;r)$ で $g(x,y)$ は x の関数として $U(a;r)$ 上で連続関数

このとき a の δ_x–近傍 $U(a;\delta_x)$ と b の δ_y–近傍 $U(b;\delta_y)$ と連続な関数 $\varphi\colon U(a;\delta_x)\to U(b;\delta_y)$ が存在して

d)　$\forall(x,y)\in U(a;\delta_x)\times U(b;\delta_y)\ g(x,y)=0\Leftrightarrow y=\varphi(x)$

が成り立つ．

条件 b) と c) の違いに注目してください．単調性が要請されているのは y の関数としてみたときの $g(x,y)$ です．このとき d) にあるようにその変数 y に関して $g(x,y)=0$ が解き出せるとこの定理は述べています．

[証明]　各 $x\in U(a;r)$ と各 $y\in U(b;r)$ に対して

$$\eta_x(y)=g(x,y)\colon U(b;r)\to\mathbb{R},\ \eta_y(x)=g(x,y)\colon U(a;r)\to\mathbb{R}$$

と定義します．$x=a$ として b) を用いると $\eta_a(y)$ は $U(b;r)$ 上で狭義単調増加です．しかも $g(a,b)=0$ ですから $g(a,b-\delta_y)<0<g(a,b+\delta_y)$ となる $0<\delta_y<r$ を選ぶことができます．以降では $b_-=b-\delta_y, b_+=b+\delta_y$ と記号を約束しておきます．$y=b_-$ に固定すると c) の $\eta_y(x)$ の連続性から任意の $x\in U(a;\delta_1)$ で $g(x,b_-)<0$ となる $0<\delta_1<r$ が選べ，同様に $y=b_+$ に固定すると c) から任意の $x\in U(a;\delta_2)$ で $g(x,b_+)>0$ となる $0<\delta_2<r$ が選べます．ここで $\delta_x=\min\{\delta_1,\delta_2\}$ とすると任意の $x\in U(a;\delta_x)$ で

$$g(x,b_-)<0<g(x,b_+)$$

となります．図 1·17 に $g(x,y)=0$ の曲線，近傍 $U(a;r)\times U(b;r)$ とそれに含まれる近傍 $U(a;\delta_x)\times U(b;\delta_y)$ を描きました．

各 $x\in U(a;\delta_x)$ に対して b) から $\eta_x(y)$ は連続関数でしかも $\eta_x(b_-)=g(x,b_-)<0<g(x,b_+)=\eta_x(b_+)$ ですから，1 変数関数 η_x に対する中間値の定理を用いると $\eta_x(y)=0$ となる y が開区間 $(b_-,b_+)=U(b;\delta_y)$ にあります．しかも η_x は狭義単調増加ですから，各 x に対してこの y は一意に決まりますので，この y を用いて関数 φ を $\varphi(x)=y$ と定義します．このつくり方から d) が成り立ちます．

この関数 φ が連続であることを示す仕事が残っています．$\bar{x}$ を $U(a;\delta_x)$ から任意

に選んで固定し，$\{x_k\}_{k\in\mathbb{N}}$ を $\bar{x}$ に収束する $U(a;\delta_x)$ の任意の収束数列とします．$\bar{x}$ での連続性を示すには $\lim_{k\to\infty}\varphi(x_k)=\varphi(\bar{x})$ を示せばよいことになりますので，これが目標です．そこで $0<\varepsilon<\min\{\varphi(\bar{x})-b_-, b_+-\varphi(\bar{x})\}$ を満たす $\varepsilon>0$ を任意に与えます．以降 $\varphi(\bar{x})-\varepsilon$ を $\tilde{y}$ と略記します．まず $\eta_{\tilde{y}}$ の連続性から

$$g(x_k,\tilde{y})=\eta_{\tilde{y}}(x_k)\underset{k\to\infty}{\longrightarrow}\eta_{\tilde{y}}(\bar{x})=g(\bar{x},\tilde{y})$$

です．また $\eta_{\bar{x}}$ の狭義単調性から

$$g(\bar{x},\tilde{y})=\eta_{\bar{x}}(\tilde{y})=\eta_{\bar{x}}(\varphi(\bar{x})-\varepsilon)<\eta_{\bar{x}}(\varphi(\bar{x}))=g(\bar{x},\varphi(\bar{x}))=0$$

よって，$K_1(\varepsilon)\in\mathbb{N}$ が存在して

$$k\geq K_1(\varepsilon)\Rightarrow g(x_k,\varphi(\bar{x})-\varepsilon)=g(x_k,\tilde{y})<0$$

が得られます．同様の議論によって $K_2(\varepsilon)\in\mathbb{N}$ が存在して

$$k\geq K_2(\varepsilon)\Rightarrow g(x_k,\varphi(\bar{x})+\varepsilon)>0$$

が導けます．ここで $K(\varepsilon)=\max\{K_1(\varepsilon),K_2(\varepsilon)\}$ とすれば $k\geq K(\varepsilon)$ で $g(x_k,\varphi(\bar{x})-\varepsilon)<0<g(x_k,\varphi(\bar{x})+\varepsilon)$ がわかります．$g(x_k,\varphi(x_k))=0$ ですから

$$g(x_k,\varphi(\bar{x})-\varepsilon)<g(x_k,\varphi(x_k))<g(x_k,\varphi(\bar{x})+\varepsilon)$$

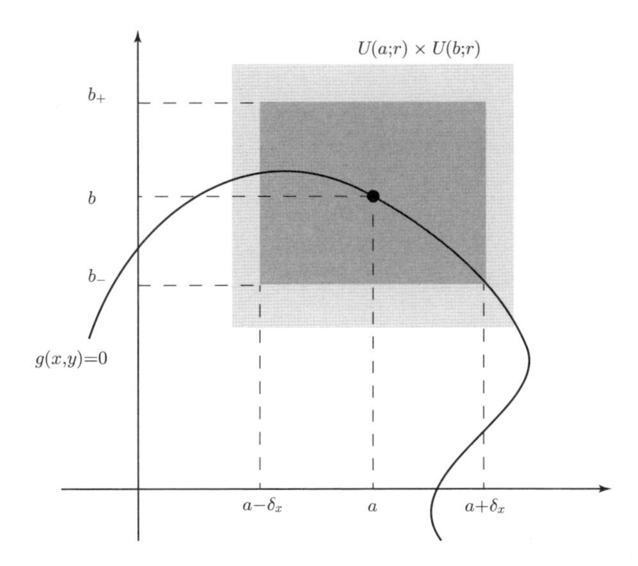

図 1・17　陰関数定理

です．ここで η_{x_k} の狭義単調性を用いるとこの不等式から $k\geq K(\varepsilon)$ で $\varphi(\bar{x})-\varepsilon<\varphi(x_k)<\varphi(\bar{x})+\varepsilon$ つまり

$$|\varphi(\bar{x})-\varphi(x_k)|<\varepsilon$$

が得られます．ε は任意でしたからこれで $\lim_{k\to\infty}\varphi(x_k)=\varphi(\bar{x})$ が示せました．

□

定理の仮定 b) では狭義単調増加を仮定していますが，狭義単調減少を仮定しても当然同様の結果が得られます．また，$(a,b)\in U(a;\delta_x)\times U(b;\delta_x)$ でしかも $g(a,b)=0$ ですから定理から当然 $b=\varphi(a)$ です．さらに δ を $0<\delta\leq\min\{\delta_x,\delta_y\}$ ととれば $U((a,b);\delta)\subseteq U(a;\delta_x)\times U(b;\delta_y)$ とできますから，図に示した矩形の近傍 $U(a;\delta_x)\times U(b;\delta_y)$ に含まれる円形の近傍 $U((a,b);\delta)$ 上で定理の主張が成り立ちます．

この定理で変数 x と y の役割を交換すれば次の系が得られます．

■ **系 1·6·2**（陰関数定理）　点 (a,b) を $D\subseteq\mathbb{R}^2$ の内点とし，$U(a;r)\times U(b;r)\subseteq D$ とする．$g\colon D\to\mathbb{R}$ に以下の条件を仮定する．

a)　$g(a,b)=0$

b)　各 $x\in U(a;r)$ で $g(x,y)$ は y の関数として $U(b;r)$ 上で連続関数

c)　各 $y\in U(b;r)$ で $g(x,y)$ は x の関数として $U(a;r)$ 上で狭義単調増加連続関数

このとき a の δ_x–近傍 $U(a;\delta_x)$ と b の δ_y–近傍 $U(b;\delta_y)$ と連続な関数 $\phi\colon U(b;\delta_y)\to U(a;\delta_x)$ が存在して

d)　$\forall(x,y)\in U(a;\delta_x)\times U(b;\delta_x)\ g(x,y)=0\Leftrightarrow x=\phi(y)$

が成り立つ．

また狭義単調増加な 1 変数連続関数 f に対して $g(x,y)=f(x)-y$ と定義してこの系を使うと，次の**逆関数定理**が得られます．

■ **系 1·6·3**（逆関数定理）　a を区間 $I\subseteq\mathbb{R}$ の内点，$f\colon I\to\mathbb{R}$ を I 上の 1 変数関数とし，$b=f(a)$ とする．a の近傍 $U(a;r)\subseteq I$ 上で f が連続で狭義単調増加なら，b の近傍 $U(b;\delta)$ とその上で $f(\phi(y))=y$ となる連続関数 $\phi\colon U(b;\delta)\to\mathbb{R}$，つまり f の逆関数が存在する．

[証明]　$g(x,y)=f(x)-y$ とおくと g は直前の系 1·6·2 の条件を満たし，よって連続関数 $\phi\colon U(b;\delta_y)\to\mathbb{R}$ が存在します．g の定義から $0=g(\phi(y),y)=f(\phi(y))-y$ ですから ϕ は f の逆関数です．　□

f が微分可能であると仮定すると，近傍 $U(a;r)$ 上で導関数 f' が正であれば f は狭義単調増加関数であったことを思い出しておいてください．これは後に示す偏微分を使った陰関数定理の伏線となります．

2

多変数関数の微分

この章に出てくる関数 $f\colon D \to \mathbb{R}$ の定義域 D は，特に断らない限り n 次元ユークリッド空間 $\mathbb{R}^n$ の領域，つまり連結な開集合としておきます．定義域に要求される条件は命題ごとに異なりますので，命題をより汎用性の高いものにするには，そのつど条件を明記するのがよいのですが，記述が煩雑になるうえ，定義域の条件の小さな相違が注意をひいてしまいます．このような理由で定義域 D は一貫して領域であることにしました．

この章では 1 変数の微分を思い出しながら，偏微分，全微分，方向微分，平均値の定理，テイラーの定理，極値問題を説明します．いずれの名前も 1 変数の微分で登場したものばかりですが，多変数関数の極限でみたように，複数個の変数がもたらす多様性に注意して読み進めてください．さらに偏微係数を用いた陰関数定理と制約下での極値問題が新たに加わります．

2・1 偏微係数と偏導関数

1 変数関数 $f\colon D \subseteq \mathbb{R} \to \mathbb{R}$ の $a \in D$ での微分係数は平均変化率の極限として

$$\lim_{h \underset{a+h\in D}{\longrightarrow} 0} \frac{f(a+h)-f(a)}{h}$$

と定義されました．もちろん $a+h \in D$ を維持して $h \to 0$ とできなければ定義できませんから，a は D の集積点でなければなりませんが，D を $\mathbb{R}$ の開集合，a をその点としておけば，十分小さな h について $a+h \in D$ となりますので，通常はそのように仮定します．多変数関数でもこれに倣って D は $\mathbb{R}^n$ の領域，つまり定義 1・5・2 にあるように連結開集合とします．$\boldsymbol{a}=(a_1,a_2,\dots,a_i,\dots,a_n) \in D$ での“微係数”を $\lim_{\boldsymbol{h} \underset{\boldsymbol{a}+\boldsymbol{h}\in D}{\longrightarrow} \boldsymbol{0}} (f(\boldsymbol{a}+\boldsymbol{h})-f(\boldsymbol{a}))/\boldsymbol{h}$ と定義したいところですが，分母にベクトル $\boldsymbol{h}$ があり，この式は何を意味しているか不明です．そこで，変分 $\boldsymbol{h}$ として i 番目の座標軸方向 $\boldsymbol{e}_i=(0,\dots,0,\overset{i}{\check{1}},0,\dots,0) \in \mathbb{R}^n$ の t 倍をとり，

$$\lim_{\substack{t \to 0 \\ \boldsymbol{a}+t\boldsymbol{e}_i \in D}} \frac{f(\boldsymbol{a}+t\boldsymbol{e}_i)-f(\boldsymbol{a})}{t} \tag{2・1}$$

を考えます．ここで $\boldsymbol{a}+t\boldsymbol{e}_i=(a_1,\ldots,a_{i-1},a_i+t,a_{i+1},\ldots,a_n)$ です．関数 f の定義域 D は領域であると仮定していますから，十分に小さい t について $\boldsymbol{a}+t\boldsymbol{e}_i \in D$ が満たされますから，以降では $t \to 0$ に添えた $\boldsymbol{a}+t\boldsymbol{e}_i \in D$ を省略します．$n=2$ で $\boldsymbol{a}=(a,b)$ と表せば考えている極限は $i=1,2$ について

$$\lim_{h\to 0}\frac{f(a+h,b)-f(a,b)}{h} \quad と \quad \lim_{k\to 0}\frac{f(a,b+k)-f(a,b)}{k}$$

です．上式 (2・1) の極限がある場合に関数 f は点 $\boldsymbol{a}$ で変数 x_i に関して**偏微分可能である**といい，極限がない場合には**偏微分可能でない**といいます．式 (2・1) の極限は関数 f の点 $\boldsymbol{a}$ における変数 x_i に関する**偏微係数**とよばれ，

$$f_{x_i}(\boldsymbol{a}) \qquad あるいは \qquad \frac{\partial f}{\partial x_i}(\boldsymbol{a})$$

と表します[1]．

$f_{x_i}(\boldsymbol{a})$ は変数 x_i だけの 1 変数関数 $f(a_1,\ldots,a_{i-1},x_i,a_{i+1},\ldots,a_n)$ の x_i についての微分係数になります．図 2・1 に示したように，$n=2$ で $\boldsymbol{x}=(x,y)$，$\boldsymbol{a}=(a,b)$ とすれば，関数 f のグラフを $y=b$ で決まる平面で切った断面に現れる 1 変数関数 $f(x,b)$ の微分係数が $f_x(a,b)$ です．

当然，偏微係数は点 $\boldsymbol{a}$ に依存します．$f_{x_i}(\boldsymbol{a})$ と ( ) 内に $\boldsymbol{a}$ を書いたことから推測できるように，この f_{x_i} は点 $\boldsymbol{a}$ の関数として n 変数関数ですから $f_{x_i}(\boldsymbol{x})$ と書くことができます．$f_{x_i}(\boldsymbol{x})$ を f の x_i に関する**偏導関数**といいます[2]．

問題 2・1・1 x の符号に注意して $f(x,y)=\sqrt{|xy|}$ の偏導関数 f_x を求めなさい．

さて，f_{x_i} は x_i 以外の変数を定数に固定して，x_i の 1 変数関数として微分していることに他なりませんから 1 変数の関数の微分の知識からわかるように以下の性質が成り立ちます．

■ **補助定理 2・1・2** $f\colon D \to \mathbb{R}^n$ が点 $\boldsymbol{a}=(a_1,a_2,\ldots,a_n)\in D$ で変数 x_i に関して偏微分可能であれば，f は変数 x_i の関数として $x_i=a_i$ で連続である．

[証明] 偏微分可能ですから $\lim_{t\to 0}(f(\boldsymbol{a}+t\boldsymbol{e}_i)-f(\boldsymbol{a}))/t$ が存在します．よって分子は $t\to 0$ でゼロに収束します．つまり $\lim_{t\to 0} f(\boldsymbol{a}+t\boldsymbol{e}_i)=f(\boldsymbol{a})$ ですから，関

1) $\frac{\partial}{\partial x_i}f(\boldsymbol{a})$ と書く流儀もあります．

2) ( ) の中の $\boldsymbol{x}$ は変数ですから，たとえば $\boldsymbol{x}=\boldsymbol{a}$ を代入して $f_{x_i}(\boldsymbol{a})$ と書くことができますが，f_{x_i} の添字の x_i はどの変数についての偏導関数かを表している記号ですので，$x_i=a$ を代入して f_a などと書くことはできません．

数 f が点 $\boldsymbol{a}$ で変数 x_i に関して連続であることがわかります．　□

この補助定理は，関数 f が変数 x_i 以外を固定したときに変数 x_i について連続であると述べているのであって，関数 f が多変数関数の意味で点 $\boldsymbol{a}$ で連続になると述べているのではありません．後でみるように偏微分可能性は連続性を導きません．

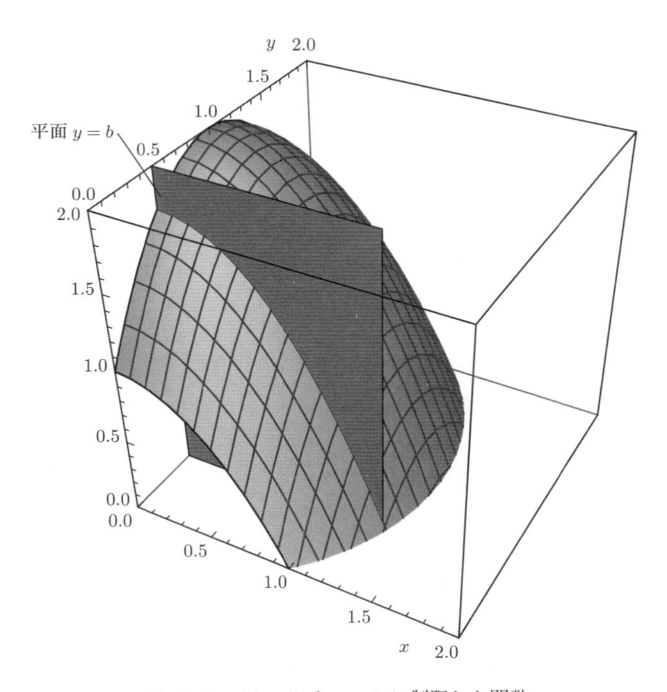

図 2・1　$f(x,y)$ を $y=b$ に制限した関数

偏微係数の性質をみるために，1 変数関数の微分可能性について以下の補助定理を思い出してください．ただし I は $\mathbb{R}$ の開集合としておきます．

■ **補助定理 2・1・3**　以下の a) と b) のそれぞれは関数 $f: I\to\mathbb{R}$ が $a\in I$ で微分可能である必要十分な条件である．

a)　$\alpha\in\mathbb{R}$ と $\delta>0$ が存在して $U(a;\delta)\subseteq I$ 上で

$$f(x)=f(a)+\alpha(x-a)+o(|x-a|) \tag{2・2}$$

b)　$\delta>0$ と a で連続な関数 $\phi\colon U(a;\delta)\to\mathbb{R}$ が存在して $U(a;\delta)\subseteq I$ 上で

$$f(x)=f(a)+\phi(x)(x-a) \tag{2·3}$$

このとき $f'(a)=\alpha=\phi(a)$ となる．

■ **補助定理 2·1·4**　$f,g\colon D\to\mathbb{R}^n$ は変数 x_i に関して $\boldsymbol{a}$ で偏微分可能であり，α と β を定数とすると以下が成り立つ．ただし $g(\boldsymbol{a})\neq 0$ とする．

a)　$(\alpha f+\beta g)_{x_i}(\boldsymbol{a})=\alpha f_{x_i}(\boldsymbol{a})+\beta g_{x_i}(\boldsymbol{a})$

b)　$(f\cdot g)_{x_i}(\boldsymbol{a})=g(\boldsymbol{a})f_{x_i}(\boldsymbol{a})+f(\boldsymbol{a})g_{x_i}(\boldsymbol{a})$

c)　$\left(\dfrac{f}{g}\right)_{x_i}(\boldsymbol{a})=\dfrac{1}{g^2(\boldsymbol{a})}\left(g(\boldsymbol{a})f_{x_i}(\boldsymbol{a})-f(\boldsymbol{a})g_{x_i}(\boldsymbol{a})\right)$

[証明]　いずれも 1 変数関数の場合と同様に証明できますので証明は不要かもしれませんが，f,g を 2 変数 (x,y) の関数，$\boldsymbol{a}=(a,b)$，$x_i=x$ として b) と c) を証明しておきます．

直前の補助定理 2·1·3 の b) を用いると $x=a$ で連続な関数 $\phi(x)$ と $\varphi(x)$ が存在して $f(x,b)=f(a,b)+\phi(x)(x-a)$ と $g(x,b)=g(a,b)+\varphi(x)(x-a)$ が成り立ちますから

$$\begin{aligned}f(x,b)g(x,b)&=(f(a,b)+\phi(x)(x-a))(g(a,b)+\varphi(x)(x-a))\\&=f(a,b)g(a,b)+\big(g(a,b)\phi(x)+f(a,b)\varphi(x)\big)(x-a)\end{aligned}$$

となりますが，$(x-a)$ に掛けられている $g(a,b)\phi(x)+f(a,b)\varphi(x)$ が $x=a$ で連続となりますから，再び補助定理 2·1·3 を用いると $g(a,b)\phi(a)+f(a,b)\varphi(a)=g(a,b)f_x(a,b)+f(a,b)g_x(a,b)$ が偏微係数 $(f\cdot g)_x(a,b)$ となります．

次に c) を示すためにまず $1/g$ の x についての偏微係数を示します．

$$\left(\frac{1}{g}\right)(x,b)-\left(\frac{1}{g}\right)(a,b)=\frac{1}{g(x,b)}-\frac{1}{g(a,b)}=\frac{g(a,b)-g(x,b)}{g(a,b)g(x,b)}$$

の分子に $g(x,b)=g(a,b)+\varphi(x)(x-a)$ を代入すると

$$=-\left(\frac{\varphi(x)}{g(a,b)g(x,b)}\right)(x-a)$$

です．ここで $g(x,b)$ は $x=a$ で連続であることを思い出せば，$(x-a)$ に掛けられている $-(\varphi(x)/g(a,b)g(x,b))$ も $x=a$ で連続となり，$(1/g)_x(a,b)=-\varphi(a)/g(a,b)g(a,b)=-g_x(a,b)/g(a,b)^2$ が得られます．この結果に b) を使うと

$$\begin{aligned}\left(\frac{f}{g}\right)_x(a,b)&=\left(f\left(\frac{1}{g}\right)\right)_x(a,b)\\&=\left(\frac{1}{g(a,b)}\right)f_x(a,b)+f(a,b)\left(\frac{1}{g}\right)_x(a,b)\\&=\left(\frac{1}{g(a,b)}\right)f_x(a,b)+f(a,b)\left(\frac{-g_x(a,b)}{g(a,b)^2}\right)\\&=\frac{1}{g(a,b)^2}\left(g(a,b)f_x(a,b)-f(a,b)g_x(a,b)\right)\end{aligned}$$

となります. □

■ **補足 2・1・5**　上の補助定理の b) を平均変化率の極限を用いて証明すると,

$$\begin{aligned}&\lim_{h\to 0}\frac{f(a+h,b)g(a+h,b)-f(a,b)g(a,b)}{h}\\&=\lim_{h\to 0}\left(\frac{f(a+h,b)g(a+h,b)-f(a,b)g(a+h,b)}{h}\right.\\&\qquad\qquad\left.+\frac{f(a,b)g(a+h,b)-f(a,b)g(a,b)}{h}\right)\\&\overset{(3)}{=}\lim_{h\to 0}\frac{f(a+h,b)g(a+h,b)-f(a,b)g(a+h,b)}{h}\\&\qquad\qquad+\lim_{h\to 0}\frac{f(a,b)g(a+h,b)-f(a,b)g(a,b)}{h}\\&=\lim_{h\to 0}\frac{f(a+h,b)-f(a,b)}{h}g(a+h,b)+f(a,b)\lim_{h\to 0}\frac{g(a+h,b)-g(a,b)}{h}\\&\overset{(2)}{=}\lim_{h\to 0}\frac{f(a+h,b)-f(a,b)}{h}\lim_{h\to 0}g(a+h,b)+f(a,b)\lim_{h\to 0}\frac{g(a+h,b)-g(a,b)}{h}\\&\overset{(1)}{=}f_x(a,b)g(a,b)+f(a,b)g_x(a,b)\end{aligned}$$

となりますが, 番号をつけた等号はその番号の若い順に成立が確認されます. つまり $\overset{(1)}{=}$ の成立がわかり, 次いで $\overset{(2)}{=}$, 最後に $\overset{(3)}{=}$ という順番です[1].

補助定理 2・1・2 に示したように, x に関して偏微分可能な関数は x に関して連続であることが上の証明で使われていました. しかし, 一般に多変数関数としての連続性は偏微分可能性から導かれません. たとえば

$$f(x,y)=\begin{cases}1 & (xy=0)\\ 0 & (xy\neq 0)\end{cases}\tag{2・4}$$

1) 授業でもこの式を前から後ろに向かって書き進めるのですが, 番号付の等号はとりあえず $\overset{?}{=}$ と板書しておいて “正しいかどうかはこの段階ではまだわからないのですよ” と念を押します.

を考えます．図 2·2 に示したようにこの関数は座標軸上では 1 で，それ以外でゼロです．この関数の原点での偏微係数は

$$f_x(0,0)=\lim_{h\to 0}\frac{f(h,0)-f(0,0)}{h}=\lim_{h\to 0}\frac{1-1}{h}=0$$

で，同様に $f_y(0,0)=0$ です．しかし，この関数は明らかに原点で連続ではありません．たとえば $x=y$ を満たす集合 $A=\{(x,y)\,|\,x=y\}$ 上での極限 $\lim_{(x,y)\underset{A}{\longrightarrow}(0,0)} f(x,y) =\lim_{t\to 0} f(t,t)$ を考えると，定義より $t\neq 0$ で $f(t,t)=0$ ですから $\lim_{t\to 0} f(t,t) =0$ となり，原点での関数値 $f(0,0)=1$ と等しくなりません．

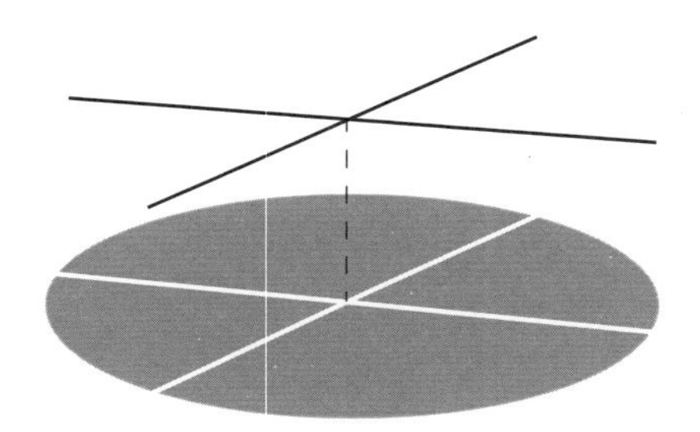

図 2・2 関数 (2·4) のグラフ

問題 2·1·6 積分可能な関数 $g(t)$ によって

$$f(x,y)=\int_x^y g(t)\,dt$$

と定義された関数 $f(x,y)$ について以下の質問を考えてみます．

a) $f(x,y)$ を $g(t)$ の原始関数 $G(t)$ を用いて表しなさい．

b) $f_x(x,y)$ を $g(t)$ を用いて表しなさい．

c) $f_y(x,y)$ を $g(t)$ を用いて表しなさい．

2・2 高階偏導関数

偏導関数 f_{x_i} は $\boldsymbol{x}$ の関数でしたから，f_{x_i} のさらに x_i に関する偏導関数 $(f_{x_i})_{x_i}(\boldsymbol{x}) =\frac{\partial f_{x_i}}{\partial x_i}(\boldsymbol{x})$ や x_j に関する偏導関数 $(f_{x_i})_{x_j}(\boldsymbol{x})=\frac{\partial f_{x_i}}{\partial x_j}(\boldsymbol{x})$ を考えることができます．定義は f_{x_i} の定義式の f をそっくり f_{x_i} に置き換えるだけですから，

$$\begin{aligned}(f_{x_i})_{x_j}(\boldsymbol{x})&=\frac{\partial f_{x_i}}{\partial x_j}(\boldsymbol{x})\\&=\lim_{h\to 0}\frac{f_{x_i}(x_1,\ldots,x_j+h,\ldots,x_n)-f_{x_i}(x_1,\ldots,x_j,\ldots,x_n)}{h}\end{aligned}$$

となります．$(f_{x_i})_{x_j}(\boldsymbol{x})$ は通常 $f_{x_ix_j}(\boldsymbol{x})$ と書かれ f の**高階偏導関数**あるいは**高次偏導関数**とよばれます．右側に付け加えられた添字 x_j が後で偏微分された変数を表しています．$\frac{\partial}{\partial x_i}$ の記号を使うと

$$f_{x_ix_j}(\boldsymbol{x})=\frac{\partial}{\partial x_j}\frac{\partial f}{\partial x_i}(\boldsymbol{x})$$

と書かれます[1]．この表記では分母の左に後で偏微分された変数が追加されます．混乱しないように．そうすると，$f_{x_1x_2x_3}=\frac{\partial}{\partial x_3}\frac{\partial}{\partial x_2}\frac{\partial f}{\partial x_1}$ とかも考えることができます．

一般には，偏微分の順序を入替えると得られる高階偏導関数は異なります．つまり，$i\neq j$ で

$$f_{x_ix_j}(\boldsymbol{x})\neq f_{x_jx_i}(\boldsymbol{x})$$

が起こります．その例を示します．

■ **例 2・2・1**　関数 f を図 2・3 の関数

$$f(x,y)=\begin{cases} xy\left(\dfrac{x^2-y^2}{x^2+y^2}\right) & ((x,y)\neq(0,0)) \\ 0 & ((x,y)=(0,0)) \end{cases}$$

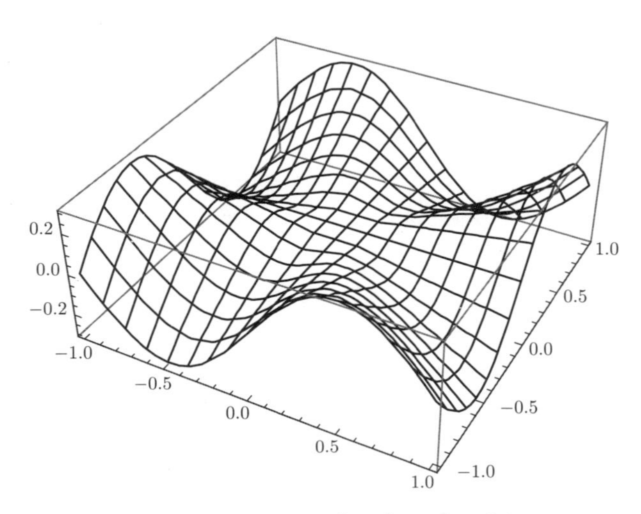

図 2・3　関数 $f(x,y)=xy\left((x^2-y^2)/(x^2+y^2)\right)$ のグラフ

1) $f_{x_ix_j}(\boldsymbol{x})=\frac{\partial^2 f}{\partial x_j\partial x_i}(\boldsymbol{x})$ と書く流儀もあります．

とします．素直な顔をした関数ですし，x と y のどちらかがゼロなら $f(x,y)=0$ です．偏導関数を定義通りに計算すると

a) $f_x(0,0)=\lim_{k\to 0}\dfrac{f(k,0)-f(0,0)}{k}=\lim_{k\to 0}\dfrac{0-0}{k}=0$

b) $f_x(0,h)=\lim_{k\to 0}\dfrac{f(k,h)-f(0,h)}{k}=\lim_{k\to 0}\dfrac{kh(k^2-h^2)/(k^2+h^2)-0}{k}$
$=\lim_{k\to 0}\dfrac{h(k^2-h^2)}{k^2+h^2}=-h$

c) $f_{xy}(0,0)=\lim_{h\to 0}\dfrac{f_x(0,h)-f_x(0,0)}{h}=\lim_{h\to 0}\dfrac{-h-0}{h}=-1$

となります．同様に

d) $f_y(0,0)=0$

e) $f_y(k,0)=k$

f) $f_{yx}(0,0)=+1$

となり，$f_{xy}(0,0)\neq f_{yx}(0,0)$ です．この事実は，極限をとる順序によって結果が異なって

$$\lim_{x\to 0}\left(\lim_{y\to 0}\frac{x^2-y^2}{x^2+y^2}\right)=1\neq -1=\lim_{y\to 0}\left(\lim_{x\to 0}\frac{x^2-y^2}{x^2+y^2}\right)$$

となることによっています．累次極限には気をつけなければなりません．

しかし，次の定理が知られています．

■ **定理 2·2·2** 関数 $f\colon D\to\mathbb{R}$ が点 $\boldsymbol{a}\in D$ の近傍 $U(\boldsymbol{a};\delta)$ 上で 2 階偏微分可能で，任意の i,j について 2 階偏導関数 $f_{x_ix_j}$ が点 $\boldsymbol{a}$ で連続であると仮定する．このとき $\boldsymbol{a}$ での 2 階の偏微係数は偏微分の順序によらない，つまり

$$f_{x_ix_j}(\boldsymbol{a})=f_{x_jx_i}(\boldsymbol{a})$$

が成り立つ．

[証明] 記号が煩雑なので 2 変数関数 $f(x,y)$ と $\boldsymbol{a}=(a,b)$ について $f_{xy}(a,b)=f_{yx}(a,b)$ を証明します．$(a+h,b+k)$ が定理で仮定されている近傍 $U(\boldsymbol{a};\delta)$ に入るような (h,k) に対して

$$\varphi(h,k)=\big(f(a+h,b+k)-f(a+h,b)\big)-\big(f(a,b+k)-f(a,b)\big) \qquad (2\cdot 5)$$

とします．$\varphi(h,k)$ は $x=a+h$ において y が b から $b+k$ に変移したときの関数の変分と，$x=a$ において y が b から $b+k$ に変移したときの関数の変分の差です．図

2･4 を見てください．ここで

$$\Delta_y(x)=f(x,b+k)-f(x,b) \tag{2･6}$$

としますと

$$\varphi(h,k)=\Delta_y(a+h)-\Delta_y(a)$$

と書けます．また，$\varphi(h,k)$ は式 (2･5) の第 2 項と第 3 項を入替えて

$$\varphi(h,k)=\bigl(f(a+h,b+k)-f(a,b+k)\bigr)-\bigl(f(a+h,b)-f(a,b)\bigr)$$

とも書けます．つまり $y=b+k$ において x が a から $a+h$ に変移したときの関数の変分と，$y=b$ において x が a から $a+h$ に変移したときの関数の変分の差でもあります．これは

$$\Delta_x(y)=f(a+h,y)-f(a,y) \tag{2･7}$$

とすると

$$\varphi(h,k)=\Delta_x(b+k)-\Delta_x(b)$$

と書けます．証明は，関数 Δ_y を仲介にして $\lim_{t\to 0}\varphi(t,t)/t^2=f_{xy}(a,b)$ を示し，関数 Δ_x を仲介にして $\lim_{t\to 0}\varphi(t,t)/t^2=f_{yx}(a,b)$ を示して，定理の等式を示すという流れです．前半を示せば後半も同じようにできますので，前半の証明だけを以下に書きます．

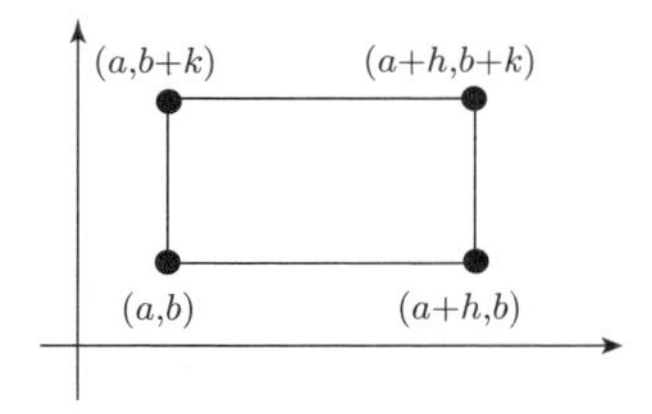

図 2・4 4 つの点 $(a,b),(a,b+k),(a+h,b),(a+h,b+k)$

f は x に関して偏微分可能だとの仮定から，Δ_y は微分可能ですから，$\varphi(h,k)=\Delta_y(a+h)-\Delta_y(a)$ に平均値の定理を用いると

$$\varphi(h,k)=\Delta_y'(a+\theta h)h$$

を満たす $0<\theta<1$ なる θ が存在します．一方，式 (2･6) から

$$\Delta_y'(x)=f_x(x,b+k)-f_x(x,b)$$

ですから，

$$\varphi(h,k)=\big(f_x(a+\theta h,b+k)-f_x(a+\theta h,b)\big)h$$

となります．関数 f_x は y に関して偏微分可能ですから，この右辺の ( ) 内に対して再び平均値の定理を使うと $0<\theta'<1$ なる θ' が存在して

$$\varphi(h,k)=\big(f_{xy}(a+\theta h,b+\theta' k)k\big)h=f_{xy}(a+\theta h,b+\theta' k)kh$$

となります．ここで，$h=k=t$ として f_{xy} が (a,b) で連続であることを使うと

$$\lim_{t\to 0}\frac{\varphi(t,t)}{t^2}=\lim_{t\to 0}f_{xy}(a+\theta t,b+\theta' t)=f_{xy}(a,b)$$

が得られて，証明の前半が終わります．

後半は x と y の役割を入替えて，関数 Δ_y の代わりに式 (2・7) の関数 Δ_x を使えば同じようにして，

$$\lim_{t\to 0}\frac{\varphi(t,t)}{t^2}=f_{yx}(a,b)$$

が得られます．まとめれば $f_{xy}(a,b)=f_{yx}(a,b)$ がわかります．　□

■ **系 2・2・3**　C^k–級関数 $f\colon D\to\mathbb{R}$ の k 階の偏導関数は偏微分の順序によらない．つまり $i_1,i_2,\ldots,i_k\in\{1,2,\ldots,n\}$ と $\{1,2,\ldots,k\}$ の任意の置換 π について

$$f_{x_{i_1}x_{i_2}\cdots x_{i_k}}(\boldsymbol{x})=f_{x_{i_{\pi(1)}}x_{i_{\pi(2)}}\cdots x_{i_{\pi(k)}}}(\boldsymbol{x})$$

が成り立つ．

[証明]　$k=2$ の場合は定理 2・2・2 で証明しましたので，系の主張が $k-1$ まで正しいと仮定して帰納法で証明します．記号を簡単にするために $i_1=1,\ldots,i_k=k$ とします．まず

$$f_{x_1x_2\cdots x_{k-1}x_k}(\boldsymbol{x})=(f_{x_1x_2\cdots x_{k-1}})_{x_k}(\boldsymbol{x})$$

で，しかも f は C^{k-1}–級でもありますから $x_1,\ldots,x_{k-1}$ による偏微分の順序を変えても k 階偏導関数に変化はありません．したがって，x_{k-1} と x_k の順序を入替えても偏導関数が変化しないことを示せば十分です．ところが

$$f_{x_1x_2\cdots x_{k-1}x_k}(\boldsymbol{x})=(f_{x_1x_2\cdots x_{k-2}})_{x_{k-1}x_k}(\boldsymbol{x})$$

であり，しかも $f_{x_1x_2\cdots x_{k-2}}$ は C^2–級関数ですから定理 2・2・2 より

$$(f_{x_1x_2\cdots x_{k-2}})_{x_{k-1}x_k}(\boldsymbol{x})=(f_{x_1x_2\cdots x_{k-2}})_{x_kx_{k-1}}(\boldsymbol{x})$$

が得られて，証明が終わります．　□

C^k–級関数は任意の $l<k$ について C^l–級関数ですから，l 階の偏導関数も偏微分

する変数の順序によらないことになります．

2・3 全　微　分

1 変数関数の場合の微分可能性は，関数が 1 次関数で十分よく近似できることを意味していました．1 変数関数の微分可能性の同値な定義の中から以下を思い出してください．

■ **定義 2・3・1**（1 変数関数の微分可能性）　$f: I \to \mathbb{R}$ を $\mathbb{R}$ の開集合 I で定義された 1 変数関数，$a \in I$ とする．このとき，定数 α によって

$$\epsilon(h) = f(a+h) - (f(a) + \alpha h)$$

で定義される関数 $\epsilon(h)$ が

$$\lim_{h \to 0} \frac{\epsilon(h)}{h} = 0 \tag{2・8}$$

となるとき f は a で微分可能であるといい，α を f の a における微分係数とよび，$f'(a)$ と書く．

なお，式 (2・8) は $\lim_{h \to 0} |\epsilon(h)/h - 0| = 0$ ですから分子や分母に絶対値をつけて

$$\lim_{h \to 0} \frac{\epsilon(h)}{|h|} = \lim_{h \to 0} \frac{|\epsilon(h)|}{|h|} = 0 \tag{2・9}$$

としても同じことです．この定義は，関数が a の近くで 1 次関数 $f(a) + \alpha h$ によって十分よく近似できると述べています．この趣旨に則して多変数関数に対して全微分を定義します．

■ **定義 2・3・2**（全微分可能性）　$f: D \subseteq \mathbb{R}^n \to \mathbb{R}$ と $\boldsymbol{a} \in D$ に対して，$\boldsymbol{a}$ の近傍 $U(\boldsymbol{a}; \delta) \subseteq D$ 上で $\boldsymbol{\alpha} \in \mathbb{R}^n$ によって

$$\epsilon(\boldsymbol{h}) = f(\boldsymbol{a} + \boldsymbol{h}) - (f(\boldsymbol{a}) + \boldsymbol{\alpha}^\top \boldsymbol{h})$$

で定義される関数 $\epsilon(\boldsymbol{h})$ が

$$\lim_{\boldsymbol{h} \to \boldsymbol{0}} \frac{\epsilon(\boldsymbol{h})}{\|\boldsymbol{h}\|} = 0$$

となるとき，f は $\boldsymbol{a}$ で**全微分可能**であるという[1]．$\boldsymbol{\alpha}$ を f の $\boldsymbol{a}$ における**微係数**（ベクトル）とよぶ．

ここで，$\boldsymbol{\alpha}^\top$ は $\boldsymbol{\alpha}$ の転置ですから $\boldsymbol{\alpha}^\top \boldsymbol{h} = \sum_{i=1}^n \alpha_i h_i$ です．また $\|\boldsymbol{h}\|$ はベクトル

1）全微分可能は単に微分可能という方がよいように思いますが，伝統的にこの言葉が用いられています．

$\boldsymbol{h}=(h_1,h_2,\ldots,h_n)$ のユークリッド・ノルムで，$\|\boldsymbol{h}\|=\sqrt{\sum_{i=1}^{n}|h_i|^2}$ です．これはユークリッド距離 d を用いれば $\|\boldsymbol{h}\|=d(\boldsymbol{h},\boldsymbol{0})$ です．定義の $\lim_{\boldsymbol{h}\to\boldsymbol{0}}\epsilon(\boldsymbol{h})/\|\boldsymbol{h}\|=0$ は，変移のベクトル $\boldsymbol{h}$ がゼロベクトルに近づくとき，その近づき方に関わらず $\epsilon(\boldsymbol{h})/\|\boldsymbol{h}\|$ がゼロに収束することをいっています．定義に戻って書けば

$$\forall\varepsilon>0\,\exists\delta(\varepsilon)>0:0<\|\boldsymbol{h}\|<\delta(\varepsilon)\Rightarrow\frac{|\epsilon(\boldsymbol{h})|}{\|\boldsymbol{h}\|}<\varepsilon$$

です．これは $\boldsymbol{h}\to\boldsymbol{0}$ のときにゼロに収束する $\|\boldsymbol{h}\|$ よりも $\epsilon(\boldsymbol{h})$ が“より速く”ゼロに収束すると述べています．この“より速く”をきちんと定義するために，次に高位の無限小を定義します．

■ **定義 2·3·3**（高位の無限小）　関数 ϕ_1 と ϕ_2 が $\lim_{\boldsymbol{h}\to\boldsymbol{a}}\phi_1(\boldsymbol{h})=\lim_{\boldsymbol{h}\to\boldsymbol{a}}\phi_2(\boldsymbol{h})=0$ を満たし，$\boldsymbol{a}$ の近傍で $\phi_2(\boldsymbol{h})\neq 0$ とする．$\lim_{\boldsymbol{h}\to\boldsymbol{a}}\phi_1(\boldsymbol{h})/\phi_2(\boldsymbol{h})=0$ のとき ϕ_1 は ϕ_2 より $\boldsymbol{a}$ で**高位の無限小**であるといい，$\phi_1=o(\phi_2)$ と書く．

$\phi_1=o(\phi_2)$ をより正確に書くには $\boldsymbol{a}$ を明記しなければなりませんが，書かなくてもわかる場合には省略します．この $o(\cdot)$ は**ランダウ**[1]**の記号**とか**オミクロン関数**とかよばれています．$\phi_1=o(\phi_2)$ は ϕ_1 が ϕ_2 より高位の無限小であるという性質をもっていることを述べたもので，$o(\phi_2)$ という関数があってそれと等しいといっているのではありません．通常の表記とは異なりますので混乱しないようにしてください．たとえば $\phi_1(\boldsymbol{h})=\|\boldsymbol{h}\|^2,\phi_2(\boldsymbol{h})=\|\boldsymbol{h}\|$ とすると $\lim_{\boldsymbol{h}\to\boldsymbol{0}}\phi_1(\boldsymbol{h})/\phi_2(\boldsymbol{h})=\lim_{\boldsymbol{h}\to\boldsymbol{0}}\|\boldsymbol{h}\|^2/\|\boldsymbol{h}\|=\lim_{\boldsymbol{h}\to\boldsymbol{0}}\|\boldsymbol{h}\|=0$ ですから ϕ_1 は原点で $\|\boldsymbol{h}\|$ より高位の無限小で，$\phi_1=o(\|\boldsymbol{h}\|)$ と書かれます．

この記号を用いれば全微分可能性の定義の式は

$$\exists\delta>0:\forall\boldsymbol{h}\in U(\boldsymbol{0};\delta)\ f(\boldsymbol{a}+\boldsymbol{h})=f(\boldsymbol{a})+\boldsymbol{\alpha}^{\top}\boldsymbol{h}+o(\|\boldsymbol{h}\|)$$

と書けます．あるいは $\boldsymbol{x}=\boldsymbol{a}+\boldsymbol{h}$ とすれば

$$\exists\delta>0:\forall\boldsymbol{x}\in U(\boldsymbol{a};\delta)\ f(\boldsymbol{x})=f(\boldsymbol{a})+\boldsymbol{\alpha}^{\top}(\boldsymbol{x}-\boldsymbol{a})+o(\|\boldsymbol{x}-\boldsymbol{a}\|)$$

とも書けます．$o(\|\boldsymbol{h}\|)$ は $\|\boldsymbol{h}\|$ が小さければ $\|\boldsymbol{h}\|$ と比べて無視できる大きさですから，この式は関数 $f(\boldsymbol{x})$ が $\boldsymbol{a}$ の近くで 1 次関数 $f(\boldsymbol{a})+\boldsymbol{\alpha}^{\top}(\boldsymbol{x}-\boldsymbol{a})$ によって十分よく近似できることをいっています．

■ **補助定理 2·3·4**　$f(\boldsymbol{x})$ が $\boldsymbol{a}$ で全微分可能であれば，どの変数に関しても $\boldsymbol{a}$ で偏微分可能である．さらに，微係数 $\boldsymbol{\alpha}$ は $\boldsymbol{\alpha}=(f_{x_1}(\boldsymbol{a}),\ldots,f_{x_i}(\boldsymbol{a}),\ldots,f_{x_n}(\boldsymbol{a}))$ で与えられる．

---

1) Edmund G.H. Landau

[証明]　2変数の場合に $\boldsymbol{a}=(a,b), \boldsymbol{h}=(h,k), \boldsymbol{\alpha}=(\alpha,\beta)$ として証明します．全微分可能ですから定義にある関数 ϵ が存在して

$$f(a+h,b+k)=f(a,b)+(\alpha h+\beta k)+\epsilon(h,k)$$

となっています．特に $k=0$ とすると

$$f(a+h,b)=f(a,b)+\alpha h+\epsilon(h,0)$$

ですから，

$$\frac{f(a+h,b)-f(a,b)}{h}=\alpha+\frac{\epsilon(h,0)}{h}$$

となります．ここで両辺の $h\to 0$ での極限をとれば左辺は $f_x(a,b)$ に，右辺は α に収束しますので，$f_x(a,b)=\alpha$ がわかり，x に関して偏微分可能であることがわかります．y に関して偏微分可能であることも同様です．　□

偏微係数を並べたベクトルは

$$\nabla f(\boldsymbol{a})=(f_{x_1}(\boldsymbol{a}),\ldots,f_{x_i}(\boldsymbol{a}),\ldots,f_{x_n}(\boldsymbol{a}))$$

と書いて，関数 f の $\boldsymbol{a}$ での**勾配ベクトル**とよばれます．

全微分可能性の同値な定義を定理として与えておきます．

■ **定理 2・3・5**（全微分可能性）　$f\colon D\subseteq\mathbb{R}^n\to\mathbb{R}$ が点 $\boldsymbol{a}\in D$ で全微分可能であるための必要十分な条件は，$\boldsymbol{a}$ の近傍 $U(\boldsymbol{a};\delta)\subseteq D$ と，そこで定義され $\boldsymbol{a}$ で連続な n 個の関数 $\phi_i(\boldsymbol{x})$ が存在して，$U(\boldsymbol{a};\delta)$ 上で

$$f(\boldsymbol{x})=f(\boldsymbol{a})+\boldsymbol{\phi}(\boldsymbol{x})^\top(\boldsymbol{x}-\boldsymbol{a}) \tag{2・10}$$

が成り立つことである．ここで $\boldsymbol{\phi}(\boldsymbol{x})=(\phi_1(\boldsymbol{x}),\phi_2(\boldsymbol{x}),\ldots,\phi_n(\boldsymbol{x}))$ である．また，このとき

$$\boldsymbol{\phi}(\boldsymbol{a})=\nabla f(\boldsymbol{a})$$

が成り立つ．

[証明]　ここでも2変数関数について証明しますが，一般の n 変数の場合も同様です．まず，f が $\boldsymbol{a}=(a,b)$ で全微分可能であることを仮定して ϕ_1 と ϕ_2 の存在を示します．全微分可能ですからある近傍 $U((a,b);\delta)\subseteq D$ 上で

$$f(x,y)=f(a,b)+f_x(a,b)(x-a)+f_y(a,b)(y-b)+\epsilon(x-a,y-b)$$

を満たす (a,b) で $\|(x-a,y-b)\|$ の高次の無限小である関数 ϵ が存在します．そこで，

$$\phi_1(x,y)=\begin{cases} f_x(a,b) & (x,y)=(a,b) \\ f_x(a,b)+\dfrac{(x-a)\epsilon(x-a,y-b)}{\|(x-a,y-b)\|^2} & (x,y)\neq(a,b) \end{cases}$$

$$\phi_2(x,y)=\begin{cases} f_y(a,b) & (x,y)=(a,b) \\ f_y(a,b)+\dfrac{(y-b)\epsilon(x-a,y-b)}{\|(x-a,y-b)\|^2} & (x,y)\neq(a,b) \end{cases}$$

と ϕ_1 と ϕ_2 を定義して，これが定理の条件を満たしていることを示します．まず $\|(x-a,y-b)\|^2=(x-a)^2+(y-b)^2$ に注意すれば，$(x,y)\neq(a,b)$ では

$$\begin{aligned} f(x,y)&=f(a,b)+f_x(a,b)(x-a)+f_y(a,b)(y-b)+\epsilon(x-a,y-b) \\ &=f(a,b)+\left(f_x(x,y)+\frac{(x-a)\epsilon(x-a,y-b)}{\|(x-a,y-b)\|^2}\right)(x-a) \\ &\qquad+\left(f_y(x,y)+\frac{(y-b)\epsilon(x-a,y-b)}{\|(x-a,y-b)\|^2}\right)(y-b) \\ &=f(a,b)+\phi_1(x,y)(x-a)+\phi_2(x,y)(y-b) \end{aligned}$$

となることがわかります．また，

$$\begin{aligned} \lim_{(x,y)\to(a,b)}\phi_1(x,y)&=\lim_{(x,y)\to(a,b)}f_x(a,b)+\frac{(x-a)\epsilon(x-a,y-b)}{\|(x-a,y-b)\|^2} \\ &=f_x(a,b)+\lim_{(x,y)\to(a,b)}\frac{(x-a)\epsilon(x-a,y-b)}{\|(x-a,y-b)\|^2} \\ &=f_x(a,b)+\lim_{(x,y)\to(a,b)}\frac{x-a}{\|(x-a,y-b)\|}\frac{\epsilon(x-a,y-b)}{\|(x-a,y-b)\|} \end{aligned}$$

です．ここで，$\left|\frac{x-a}{\|(x-a,y-b)\|}\right|\leq 1$ と $\lim_{(x,y)\to(a,b)}\frac{\epsilon(x-a,y-b)}{\|(x-a,y-b)\|}=0$ に注意すると上式の第 2 項はゼロであることがわかります．よって

$$\lim_{(x,y)\to(a,b)}\phi_1(x,y)=f_x(a,b)=\phi_1(a,b)$$

が示せ，$\phi_1(x,y)$ が (a,b) で連続であることが示せました．$\phi_2(x,y)$ についても同じです．

次に逆を示すため，ϕ_1 と ϕ_2 の存在を仮定して．

$$\alpha=\phi_1(a,b),\quad \beta=\phi_2(a,b)$$

として，$\boldsymbol{\alpha}=(\alpha,\beta)$ が全微分の定義を満たすことを示します．先ほどと同じような計算をすると

$$f(a+h,b+k)=f(a,b)+\alpha h+\beta k$$
$$+\{(\phi_1(a+h,b+k)-\phi_1(a,b))h+(\phi_2(a+h,b+k)-\phi_2(a,b))k\}$$

がわかります．あとは { } 内の最後の 2 項の和が $\|(h,k)\|$ の高位の無限小であることをいえばよいわけですので，$\|(h,k)\|$ との比を評価しますと，

$$\left|\frac{(\phi_1(a+h,b+k)-\phi_1(a,b))h+(\phi_2(a+h,b+k)-\phi_2(a,b))k}{\|(h,k)\|}\right|$$
$$\leq\left|\frac{h}{\|(h,k)\|}(\phi_1(a+h,b+k)-\phi_1(a,b))\right|$$
$$+\left|\frac{k}{\|(h,k)\|}(\phi_2(a+h,b+k)-\phi_2(a,b))\right|$$
$$\leq|\phi_1(a+h,b+k)-\phi_1(a,b)|+|\phi_2(a+h,b+k)-\phi_2(a,b)|$$

となります．ϕ_1,ϕ_2 の連続性から右辺は $(h,k)\to(0,0)$ のときゼロに収束しますので，最後の 2 項の和が $\|(h,k)\|$ の高位の無限小であることがいえました．

□

■ **補足 2・3・6** 上の定理で示した関数 $\boldsymbol{\phi}=(\phi_1,\phi_2)$ は一意には決まりません．実際，(a,b) で連続な関数 $\eta(x,y)$ を任意にとってきて，証明で定義した ϕ_1 と ϕ_2 を

$$\varphi_1(x,y)=\phi_1(x,y)+(y-b)\eta(x,y)$$
$$\varphi_2(x,y)=\phi_2(x,y)-(x-a)\eta(x,y)$$

で置き換えても定理の証明が成立します．

定理 2・3・5 から全微分可能な関数が連続であることがただちに得られます．

■ **系 2・3・7**（全微分可能関数の連続性） $f\colon D\to\mathbb{R}$ が点 $\boldsymbol{a}\in D$ で全微分可能であれば，その点で連続である．

[証明] 定理 2・3・5 の式 (2・10) の $f(\boldsymbol{x})=f(\boldsymbol{a})+\boldsymbol{\phi}(\boldsymbol{x})^\top(\boldsymbol{x}-\boldsymbol{a})$ と $\boldsymbol{\phi}$ が $\boldsymbol{a}$ で連続であることから明らかです． □

全微分可能性はその定義からわかるように偏微分可能性よりも強い要請ですから，ある点で偏微分可能であってもその点で全微分可能であるとは限りません．さらに，次の例は至る所で偏微分可能であっても全微分可能だとは限らないことを示しています．

■ **例 2・3・8** 以前の例 1・4・6

$$f(x,y)=\begin{cases}\dfrac{xy}{x^2+y^2} & ((x,y)\neq(0,0))\\ 0 & ((x,y)=(0,0))\end{cases}$$

がここでも活躍します．図 2･5 にそのグラフを再度示しておきます．この関数が至る所で x と y に関して偏微分可能であることは自分で確かめてください．また，$x=y=t$ とすると

$$f(x,y)=f(t,t)=\frac{t^2}{t^2+t^2}=\frac{1}{2}$$

ですから，原点で連続ではありません．よって系 2･3･7 を使うと原点で全微分可能でないことがわかります．

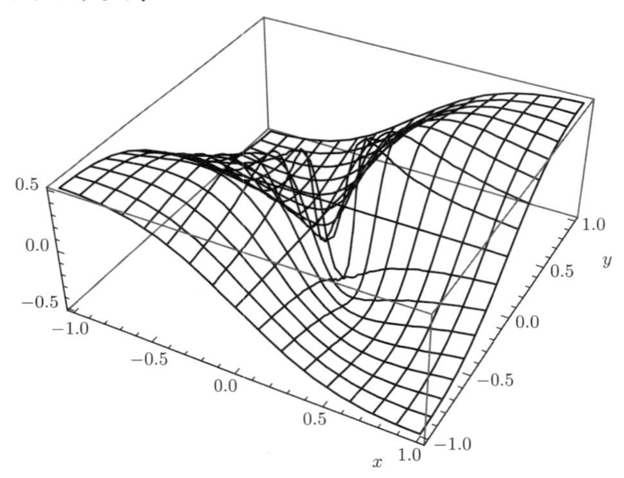

図 2・5　関数 $f(x,y)=xy/(x^2+y^2)$ のグラフ

すでに原点で全微分可能でないことがわかったのですが，改めて全微分可能だと仮定して矛盾を導いておきます．まず $f_x(0,0)=f_y(0,0)=0$ となりますので，

$$\epsilon(h,k)=f(0+h,0+k)-(f(0,0)+f_x(0,0)h+f_y(0,0)k)=\frac{hk}{h^2+k^2}$$

が成り立ちます．しかし，$h=r\cos\theta, k=r\sin\theta$ なる変換をすると

$$\frac{\epsilon(h,k)}{\|(h,k)\|}=\frac{hk}{(h^2+k^2)\sqrt{h^2+k^2}}=\frac{r^2\cos\theta\sin\theta}{r^3}=\frac{\cos\theta\sin\theta}{r}$$

です．$\cos\theta\sin\theta\neq0$ となるような値に θ を固定して，$r\to0$ とすると右辺は極限をもちませんので，この $\epsilon(h,k)$ は $\|(h,k)\|$ の高位の無限小でないことになり，矛盾が導かれました．

問題 2・3・9 上の例の関数について，点 (x,y) が原点の場合とそうでない場合にわけてその偏導関数を求めなさい．そして原点での偏導関数の連続性を確かめなさい．

偏導関数が計算できても全微分可能であるかどうかを知るには，定義に戻る必要があります．しかし，次の定理に示されているように偏導関数が連続であれば全微分可能になります．

■ 定理 2・3・10 $f\colon D\to\mathbb{R}$ は $\boldsymbol{a}\in D$ の近傍 $U(\boldsymbol{a};\delta)\subseteq D$ 上で偏微分可能で，偏導関数 f_{x_i} はいずれも $\boldsymbol{a}$ で連続であるとする．このとき f は $\boldsymbol{a}$ で全微分可能である．

[証明] やはり 2 変数関数について証明しておきます．

$$\epsilon(h,k)=f(a+h,b+k)-(f(a,b)+f_x(a,b)h+f_y(a,b)k)$$

として，これが $\|(h,k)\|$ の高位の無限小であること，つまり

$$\lim_{(h,k)\to(0,0)}\frac{\epsilon(h,k)}{\|(h,k)\|}=0$$

を示すのが証明の 1 つのやり方ですが，ここでは定理 2・3・5 を使って証明します．まず，恒等式

$$f(x,y)-f(a,b)=\bigl(f(x,y)-f(a,y)\bigr)+\bigl(f(a,y)-f(a,b)\bigr)$$

に注目します．右辺のそれぞれの項に対して 1 変数の平均値の定理を使うと

$$f(x,y)-f(a,y)=f_x(a+\theta(x-a),y)(x-a)$$
$$f(a,y)-f(a,b)=f_y(a,b+\theta'(y-b))(y-b)$$

となる $0<\theta,\theta'<1$ が存在します．したがって

$$f(x,y)=f(a,b)+f_x(a+\theta(x-a),y)(x-a)+f_y(a,b+\theta'(y-b))(y-b)$$

となりますので，

$$\phi_1(x,y)=f_x(a+\theta(x-a),y),\quad \phi_2(x,y)=f_y(a,b+\theta'(y-b))$$

とします．θ は x に，θ' は y に依存しますが，いずれも 0 と 1 の間にあることから $\lim_{(x,y)\to(a,b)}a+\theta(x-a)=a, \lim_{(x,y)\to(a,b)}b+\theta'(y-b)=b$ です．f_x と f_y は仮定により (a,b) で連続ですから，$\phi_1(x,y)$ と $\phi_2(x,y)$ がやはり (a,b) で連続となり，定理 2・3・5 の条件が確認できたので，証明が終わります． □

■ 例 2・3・11 上の定理の逆は成り立ちません．その例として図 2・6 の関数

$$f(x,y)=|xy|$$

をみておきます． $f_x(0,0)=f_y(0,0)=0$ ですから， $\epsilon(h,k)=f(h,k)-(f(0,0)+f_x(0,0)h+f_y(0,0)k)=f(h,k)=|hk|$ となり

$$\frac{\epsilon(h,k)}{\sqrt{h^2+k^2}}=\frac{|hk|}{\sqrt{h^2+k^2}}=\frac{|h|}{\sqrt{h^2+k^2}}|k|\leq|k| \underset{(h,k)\to(0,0)}{\longrightarrow} 0$$

となることから原点で全微分可能であることがわかります．一方 $(a,b)\neq(0,0)$ について

$$\frac{f(a+h,b)-f(a,b)}{h}=\frac{|b|(|a+h|-|a|)}{h}$$

となりますから x に関する偏微係数 $f_x(a,b)$ は $f_x(0,0)=0$ ですが $b\neq 0$ では $f_x(0,b)$ は存在しません．よって f_x は原点で連続ではありません．同様に f_y も原点で連続ではありません．

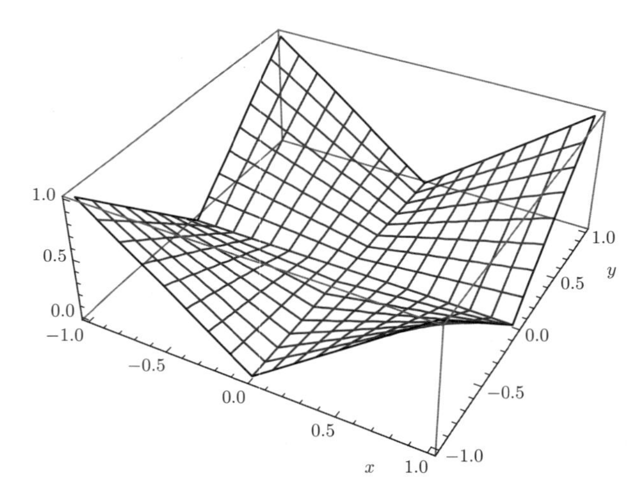

図 2・6 関数 $f(x,y)=|xy|$ のグラフ

次に上の関数を平方根の中に入れた関数

$$f(x,y)=\sqrt{|xy|}$$

を考えます．これは原点で偏微分可能で，それ自身は連続ですが，全微分可能ではありません．図 2・7 を見るとわかるように，原点でこのように尖った関数ですから，1 次関数で十分よく近似できるとはとても思えませんのでうなずけます．

まず，原点で $f(0,0)=0$ で，偏微係数も $f_x(0,0)=f_y(0,0)=0$ ですから，もしも全微分可能なら $f(0+h,0+k)=f(0,0)+f_x(0,0)h+f_y(0,0)k+\epsilon(h,k)=\epsilon(h,k)$ が成り立っているはずですから，$\epsilon(h,k)=f(h,k)=\sqrt{|hk|}$ となります．そこで，こ

れが $\|(h,k)\|$ の高位の無限小であるかどうかを確かめるために $\sqrt{|hk|}/\|(h,k)\|$ $=\sqrt{|hk|/(h^2+k^2)}$ をみます．$h=k=t$ として $t\to 0$ とすると，これは $\sqrt{1/2}$ に収束しますので，$\epsilon(h,k)$ は $\|(h,k)\|$ の高位の無限小ではありません．よって，原点で全微分可能ではありません．

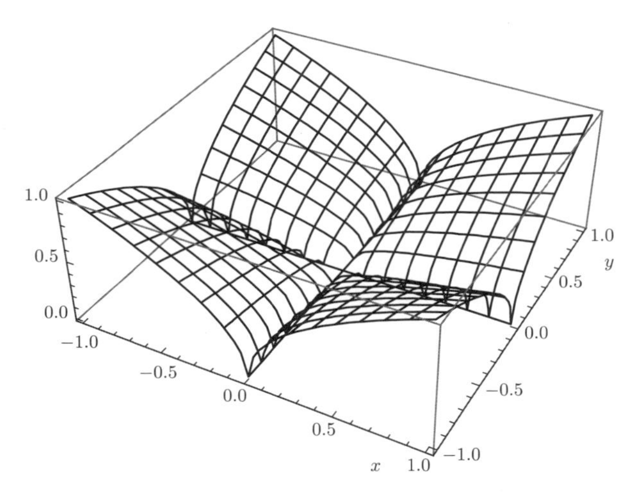

図 2・7　関数 $f(x,y)=\sqrt{|xy|}$ のグラフ

それでは，定理 2・3・10 の逆が成り立たない例をもう 1 つ与えておきます．

■ 例 2・3・12　まず 1 変数関数 $g(x)=x^2\sin(1/|x|)$ を考えます．この関数の導関数は $g'(x)=\pm(2|x|\sin(1/|x|)-\cos(1/|x|))$ となります．ここで，$\pm$ は x の符号と複号同順です．この関数を縦軸のまわりに 360 度回転させると関数

$$f(x,y)=\begin{cases}(x^2+y^2)\sin\left(\dfrac{1}{\sqrt{x^2+y^2}}\right) & ((x,y)\neq(0,0))\\ 0 & ((x,y)=(0,0))\end{cases}$$

となります．図 2・8 を見てください．まず

$$\left|\frac{f(0+h,0)-f(0,0)}{h}\right|=\left|\frac{h^2\sin(1/\sqrt{h^2})-0}{h}\right|$$
$$=\left|h\sin(1/\sqrt{h^2})\right|\leq|h|\underset{(h,k)\to(0,0)}{\longrightarrow}0$$

から $f_x(0,0)=0$ で，同様に $f_y(0,0)=0$ です．したがって $\epsilon(h,k)=f(h,k)+f_x(0,0)h$ $+f_y(0,0)k=f(h,k)$ に対して

$$\left|\frac{\epsilon(h,k)}{\sqrt{h^2+k^2}}\right| = \left|\frac{f(h,k)}{\sqrt{h^2+k^2}}\right| = \left|\frac{(h^2+k^2)\sin(1/\sqrt{h^2+k^2})}{\sqrt{h^2+k^2}}\right|$$
$$\leq \left|\frac{h^2+k^2}{\sqrt{h^2+k^2}}\right| = \sqrt{h^2+k^2} \underset{(h,k)\to(0,0)}{\longrightarrow} 0$$

ですから $\epsilon(h,k)=o(\|(h,k)\|)$ となり，f が原点で全微分可能であることがわかりました．一方，この関数の x に関する偏導関数 f_x を $x\neq 0$ で計算すると

$$f_x(x,0) = \lim_{h\to 0}\frac{f(x+h,0)-f(x,0)}{h}$$
$$= \lim_{h\to 0}\frac{(x+h)^2\sin\frac{1}{|x+h|} - x^2\sin\frac{1}{|x|}}{h}$$

ですが，これは $g(x)$ の x における微分係数ですから

$$= \frac{d}{dx}\left(x^2\sin\frac{1}{|x|}\right) = \pm\left(2x\sin\frac{1}{|x|} - \cos\frac{1}{|x|}\right)$$

となります．第 1 項目は，掛けられている x のおかげで $\sin(1/|x|)$ が振動しても $x\to 0$ のときゼロに収束しますが，第 2 項目に $\cos(1/|x|)$ があるため，$\lim_{x\to 0} f_x(x,0)$ は存在しません．ですから，f_x は $(0,0)$ で連続ではありません．同様に f_y も $(0,0)$ で連続ではありません．

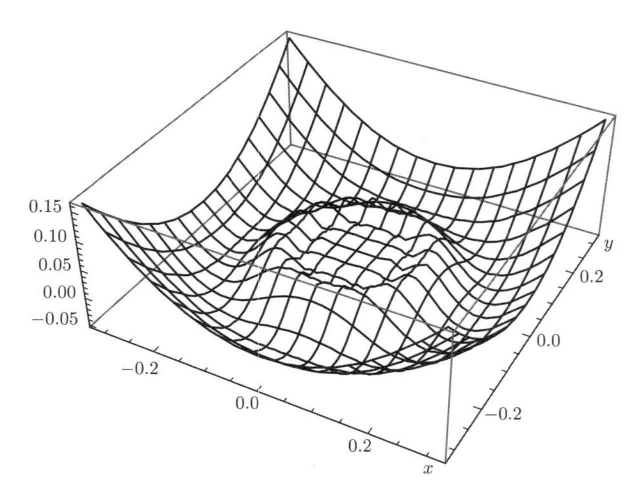

図 2・8　関数 $f(x,y)=(x^2+y^2)\sin\left(1/\sqrt{x^2+y^2}\right)$ のグラフ

全微分可能なら偏微分可能で，しかもその勾配ベクトルは補助定理 2・3・4 にあるように偏微係数を並べたベクトルですから，補助定理 2・1・4 から全微分についての

以下の性質が成り立ちます．

■ 補助定理 2・3・13（全微分の性質） 関数 $f, g\colon D \to \mathbb{R}$ が点 $\boldsymbol{a} \in D$ で全微分可能なら $\alpha f + \beta g$, $f \cdot g$ も $\boldsymbol{a}$ で全微分可能で，

a) $\nabla(\alpha f + \beta g)(\boldsymbol{a}) = \alpha \nabla f(\boldsymbol{a}) + \beta \nabla g(\boldsymbol{a})$

b) $\nabla(f \cdot g)(\boldsymbol{a}) = g(\boldsymbol{a}) \nabla f(\boldsymbol{a}) + f(\boldsymbol{a}) \nabla g(\boldsymbol{a})$

となる．ここで $\alpha, \beta \in \mathbb{R}$ である．さらに $g(\boldsymbol{a}) \neq 0$ なら[1)]

c) $\nabla \left(\dfrac{f}{g} \right)(\boldsymbol{a}) = \dfrac{1}{g(\boldsymbol{a})^2} (g(\boldsymbol{a}) \nabla f(\boldsymbol{a}) - f(\boldsymbol{a}) \nabla g(\boldsymbol{a}))$

となる．

[証明] この補助定理の直前に書いたように，いずれの性質もすでに証明したことを組合わせれば得られますが，ここではベクトル表記を使って c) の商 f/g についてだけ証明しておきましょう．$f/g = f \cdot (1/g)$ より $\nabla(1/g)$ を求めて b) と組合わせれば c) が得られますので $\nabla(1/g)$ を計算します．

$g(\boldsymbol{a}) \neq 0$ であること，g は $\boldsymbol{a}$ で全微分可能，よって連続であることから $\boldsymbol{a}$ のある近傍上で $g(\boldsymbol{x}) \neq 0$ となりますから，$1/g$ がこの近傍上で定義されることを注意しておきます．定理 2・3・5 より

$$g(\boldsymbol{x}) = g(\boldsymbol{a}) + \boldsymbol{\phi}(\boldsymbol{x})^\top (\boldsymbol{x} - \boldsymbol{a})$$

を満たし $\boldsymbol{a}$ で連続な関数 $\boldsymbol{\phi} = (\phi_1, \phi_2, \ldots, \phi_n)$ が存在します．したがって

$$\begin{aligned} \frac{1}{g(\boldsymbol{x})} - \frac{1}{g(\boldsymbol{a})} &= \frac{g(\boldsymbol{a}) - g(\boldsymbol{x})}{g(\boldsymbol{a})g(\boldsymbol{x})} = \frac{g(\boldsymbol{a}) - (g(\boldsymbol{a}) + \boldsymbol{\phi}(\boldsymbol{x})^\top (\boldsymbol{x} - \boldsymbol{a}))}{g(\boldsymbol{a})g(\boldsymbol{x})} \\ &= -\frac{\boldsymbol{\phi}(\boldsymbol{x})^\top (\boldsymbol{x} - \boldsymbol{a})}{g(\boldsymbol{a})g(\boldsymbol{x})} = \left(-\frac{\boldsymbol{\phi}(\boldsymbol{x})}{g(\boldsymbol{a})g(\boldsymbol{x})} \right)^\top (\boldsymbol{x} - \boldsymbol{a}) \end{aligned}$$

です．しかも最後の式の ( ) の中の関数 $(-\boldsymbol{\phi}(\boldsymbol{x})/g(\boldsymbol{a})g(\boldsymbol{x}))$ は $\boldsymbol{a}$ で連続です．ここで再び定理 2・3・5 を使うと $1/g$ が $\boldsymbol{a}$ で全微分可能であること，しかも $-\boldsymbol{\phi}(\boldsymbol{a})/g(\boldsymbol{a})^2 = -\nabla g(\boldsymbol{a})/g(\boldsymbol{a})^2$ がその勾配 $\nabla(1/g)(\boldsymbol{a})$ であることが得られます． □

2・4 方向微分と平均値の定理

前節では座標軸方向の変移を考えて偏微係数を定義しましたが，ここでは，これを一般化して，方向 $\boldsymbol{h} \neq \boldsymbol{0}$ を与えて，点 $\boldsymbol{a}$ での $\boldsymbol{h}$ 方向の**方向微係数**を

1) g は $\boldsymbol{a}$ で連続ですからその近傍でゼロにならないので f/g が定義できます．

$$\lim_{t\to 0}\frac{f(\boldsymbol{a}+t\boldsymbol{h})-f(\boldsymbol{a})}{t}$$

と定義します．方向微係数は $\boldsymbol{h}$ の大きさに依存します．実際，$\boldsymbol{h}$ を m 倍した $m\boldsymbol{h}$ 方向の方向微係数は

$$\lim_{t\to 0}\frac{f(\boldsymbol{a}+t(m\boldsymbol{h}))-f(\boldsymbol{a})}{t}=m\lim_{t\to 0}\frac{f(\boldsymbol{a}+(mt)\boldsymbol{h})-f(\boldsymbol{a})}{mt}$$
$$=m\lim_{s\to 0}\frac{f(\boldsymbol{a}+s\boldsymbol{h})-f(\boldsymbol{a})}{s}$$

となりますので，方向微係数も m 倍されます．関数 f の $\boldsymbol{a}$ での勾配ベクトルは

$$\nabla f(\boldsymbol{a})=(f_{x_1}(\boldsymbol{a}),f_{x_2}(\boldsymbol{a})\ldots,f_{x_n}(\boldsymbol{a}))$$

だったことを思い出してください．

■ **定理 2·4·1**　$f\colon D\subseteq\mathbb{R}^n\to\mathbb{R}$ が点 $\boldsymbol{a}\in D$ で全微分可能なら，任意の方向 $\boldsymbol{h}=(h_1,h_2,\ldots,h_n)$ について f は $\boldsymbol{a}$ で方向微係数をもち，その値は内積 $\nabla f(\boldsymbol{a})^\top\boldsymbol{h}$ で与えられる[1]．

[証明]　定理 2·3·5 から $f(\boldsymbol{x})=f(\boldsymbol{a})+\boldsymbol{\phi}(\boldsymbol{x})^\top(\boldsymbol{x}-\boldsymbol{a})$ を満たす $\boldsymbol{a}$ で連続な関数 $\boldsymbol{\phi}=(\phi_1,\ldots,\phi_n)$ の存在がわかっていますので，$\boldsymbol{x}=\boldsymbol{a}+t\boldsymbol{h}$ として方向微係数の定義にこれを代入すると

$$\lim_{t\to 0}\frac{f(\boldsymbol{a}+t\boldsymbol{h})-f(\boldsymbol{a})}{t}=\lim_{t\to 0}\frac{f(\boldsymbol{a})+\boldsymbol{\phi}(\boldsymbol{a}+t\boldsymbol{h})(t\boldsymbol{h})-f(\boldsymbol{a})}{t}$$
$$=\lim_{t\to 0}\frac{\boldsymbol{\phi}(\boldsymbol{a}+t\boldsymbol{h})(t\boldsymbol{h})}{t}=\lim_{t\to 0}\boldsymbol{\phi}(\boldsymbol{a}+t\boldsymbol{h})^\top\boldsymbol{h}$$

ここで $\boldsymbol{\phi}$ が $\boldsymbol{a}$ で連続であることと定理 2·3·5 の $\boldsymbol{\phi}(\boldsymbol{a})=\nabla f(\boldsymbol{a})$ を使えば

$$=\boldsymbol{\phi}(\boldsymbol{a})^\top\boldsymbol{h}=\nabla f(\boldsymbol{a})^\top\boldsymbol{h}$$

が得られます．□

■ **例 2·4·2**　原点で全微分可能でなかった例 2·3·11 の関数 $f(x,y)=\sqrt{|xy|}$ の原点での方向微係数をみてみます．方向を $\boldsymbol{h}=(h,k)$ とすると定義より

$$\lim_{t\to 0}\frac{f(0+th,0+tk)-f(0,0)}{t}=\sqrt{|hk|}\cdot\lim_{t\to 0}\frac{|t|}{t}$$

となるので，$hk\neq 0$ のときにはこの極限は存在しません．

方向微分可能性は，与えられた方向 $\boldsymbol{h}$ ごとに関数が線形関数で近似できるという性質です．一方，定理 2·4·1 を眺めると，ある点 $\boldsymbol{a}$ での方向微係数がどの方向 $\boldsymbol{h}$ に

1）$\nabla f(\boldsymbol{a})^\top$ の転置記号 $\top$ を ∇ の右肩につけて $\nabla^\top f(\boldsymbol{a})$ と書くこともあります．

ついてもある１つのベクトル $\boldsymbol{\eta}$ によって内積 $\boldsymbol{\eta}^\top \boldsymbol{h}$ で与えられるとき関数はその点 $\boldsymbol{a}$ で全微分可能となり，しかも $\boldsymbol{\eta}=\nabla f(\boldsymbol{a})$ となるかもしれないと思われます．しかし次の例が示すように必ずしもそうではありません．

■ **例 2・4・3**　上の事実を関数

$$f(x,y)=\begin{cases}\dfrac{x(x^2+y^2)}{y} & (y\neq 0)\\ 0 & (y=0)\end{cases}$$

で確かめてみます．原点での方向 $\boldsymbol{h}=(h,k)$ の方向微係数は，$k=0$ ならゼロ，$k\neq 0$ の場合も

$$\lim_{t\to 0}\frac{f(th,tk)-f(0,0)}{t}=\lim_{t\to 0}\frac{\frac{th}{tk}((th)^2+(tk)^2)}{t}=\lim_{t\to 0}\frac{h}{k}(h^2+k^2)t=0$$

となりますから，どの方向 $\boldsymbol{h}$ についても方向微係数は $\boldsymbol{0}^\top \boldsymbol{h}$ で与えられますので，この関数は原点の近くで恒等的にゼロである線形関数で近似できていると考えられます．図 2・9 にこの関数と恒等的にゼロの関数のグラフを描いておきます．ただし関数が定義されていない $y=0$ の近くは描かれていません．当然偏微係数もゼロですから全微分の定義 2・3・2 で $\epsilon(h,k)=f(h,k)$ となります．これが $\|(h,k)\|$ の高位の

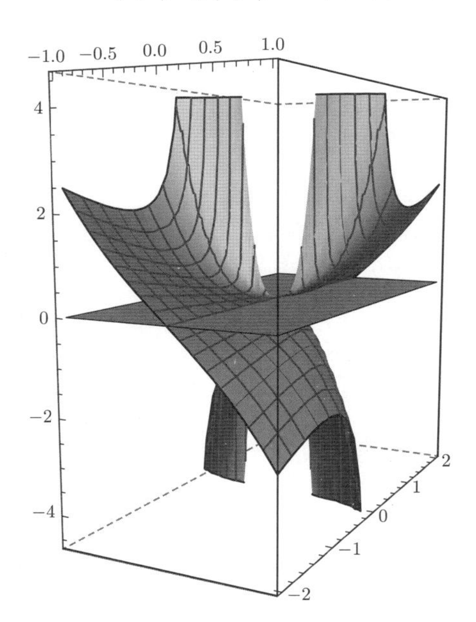

図 2・9　関数 $f(x,y)=x(x^2+y^2)/y$ のグラフ

無限小なら全微分可能ですので,

$$\frac{\epsilon(h,k)}{\sqrt{h^2+k^2}}=\frac{h}{k}\sqrt{h^2+k^2}$$

の $(h,k)\to(0,0)$ のときの極限を求めます．たとえば $(h,k)=(t,t^2)$ なる 2 次関数に沿って $t>0$ 側から原点に近づいてみると上式は

$$=\frac{t}{t^2}\sqrt{t^2+t^4}=\sqrt{1+t^2}\underset{t\to 0+}{\longrightarrow}1$$

となって，ゼロに収束しません．したがって関数 f は原点で全微分可能でないことがわかります．

全微分可能性は $\epsilon(h,k)=o(\|(h,k)\|)$ と定義されていることからわかるように，関数が点の近傍で方向に関わらず “一様な精度” で線形関数で近似できることを要請しています．上の例では方向によって近似の精度が異なるため全微分可能となっていません．

1 変数関数の平均値の定理は $(f(b)-f(a))/(b-a)=f'(c)$ となる $c\in(a,b)$ の存在を保証していました．この式の分母を払うと以下のように述べることができます．

■ **定理 2·4·4**（1 変数関数の平均値の定理） 関数 f は $[a,b]$ 上で連続，(a,b) 上で微分可能であるとする．このとき

$$f(b)=f(a)+f'(c)(b-a)$$

となる $c\in(a,b)$ が存在する．

多変数関数の場合にも同じように 2 点 $\boldsymbol{a},\boldsymbol{b}\in D$ での関数値の差をその間の点での全微分を用いて表すことができます．ただし 2 点 $\boldsymbol{a},\boldsymbol{b}$ をつなぐ線分が D に含まれているとの条件が必要となります．

■ **定理 2·4·5**（多変数関数の平均値の定理） $f\colon D\to\mathbb{R}$ と $\boldsymbol{a},\boldsymbol{b}\in D$ に対して $\boldsymbol{h}=\boldsymbol{b}-\boldsymbol{a}$，$L=\{\boldsymbol{a}+t\boldsymbol{h}\mid t\in[0,1]\}$，$L^\circ=\{\boldsymbol{a}+t\boldsymbol{h}\mid t\in(0,1)\}$ とし，$L\subseteq D$ とする．f が L 上で連続で L° 上で全微分可能なら

$$f(\boldsymbol{b})=f(\boldsymbol{a})+\nabla f(\boldsymbol{a}+\theta\boldsymbol{h})^\top\boldsymbol{h}$$

となる $0<\theta<1$ が存在する．

[証明] 1 変数関数 φ を

$$\varphi(t)=f(\boldsymbol{a}+t\boldsymbol{h})$$

とすると φ は $[0,1]$ 上で連続，$(0,1)$ 上で微分可能です．よって直前で紹介した 1 変

数の平均値の定理 2･4･4 で $a=0, b=1$ とすれば

$$\exists\theta \in (0,1) : \varphi(1)=\varphi(0)+\varphi'(\theta)(1-0)$$

が得られます．右辺の $\varphi'(\theta)$ は定理 2･4･1 から

$$\begin{aligned}\varphi'(\theta) &= \lim_{t\to 0}\frac{\varphi(\theta+t)-\varphi(\theta)}{t} = \lim_{t\to 0}\frac{f((\boldsymbol{a}+\theta\boldsymbol{h})+t\boldsymbol{h})-f(\boldsymbol{a}+\theta\boldsymbol{h})}{t}\\ &= \nabla f(\boldsymbol{a}+\theta\boldsymbol{h})^\top\boldsymbol{h}\end{aligned}$$

となり，$\varphi(1)=f(\boldsymbol{b}), \varphi(0)=f(\boldsymbol{a})$ ですから欲しい結果が導かれます．　□

1 変数関数の導関数が区間 (a,b) 上でずっとゼロならその関数は定数関数であることは 1 変数関数の平均値の定理 2･4･4 によって知ることができます．多変数関数でも同様の性質が成り立つのですが，ひとまず定義域に少しだけ条件を加えて証明を与えておきます．定義域 D の 2 点 $\boldsymbol{a}$ と $\boldsymbol{b}$ に対して，D の有限個の点 $\boldsymbol{a}=\boldsymbol{c}_0, \boldsymbol{c}_1, \ldots, \boldsymbol{c}_m=\boldsymbol{b}$ が存在して，$i=1,2,\ldots,m$ について $\boldsymbol{c}_{i-1}$ と $\boldsymbol{c}_i$ を結ぶ線分が D に含まれるとき，$\boldsymbol{a}$ と $\boldsymbol{b}$ は**折れ線**で結ぶことができるということにします．図 2･10 のような状況です．もしも D の任意の 2 点を折れ線で結ぶことができるのなら定理 2･4･5 から以下の系が導けます．

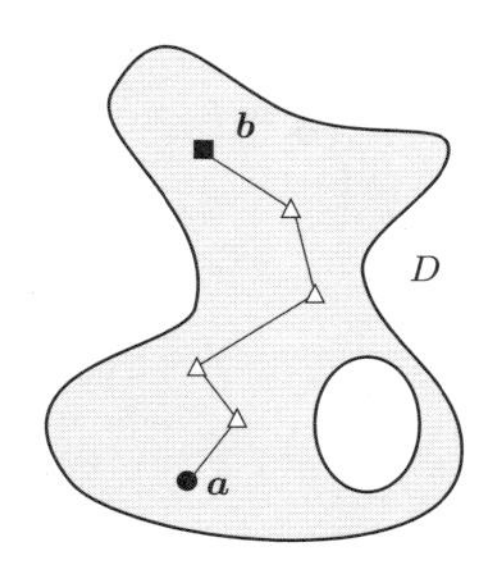

図 2・10　折れ線で連結な定義域 D

■ **系 2･4･6**　$f\colon D\to\mathbb{R}$ が D 上で全微分可能で，D 上で $\nabla f(\boldsymbol{x})=\boldsymbol{0}$ で，しかも D の任意の 2 点を折れ線で結ぶことができるのなら，f は D 上で定数関数である．

[証明]　D の任意の 2 点 $\boldsymbol{a}, \boldsymbol{b}$ を結ぶ折れ線を $\boldsymbol{a}=\boldsymbol{c}_0, \boldsymbol{c}_1, \ldots, \boldsymbol{c}_m=\boldsymbol{b}$ とします．定理 2･4･5 を $\boldsymbol{c}_1$ と $\boldsymbol{c}_0$ に使うと

$$f(\boldsymbol{c}_1)=f(\boldsymbol{c}_0)+\nabla f(\boldsymbol{c}_0+\theta(\boldsymbol{c}_1-\boldsymbol{c}_0))^\top(\boldsymbol{c}_1-\boldsymbol{c}_0)=f(\boldsymbol{c}_0)+\boldsymbol{0}^\top(\boldsymbol{c}_1-\boldsymbol{c}_0)=f(\boldsymbol{c}_0)$$

が得られ，これを繰返せば $f(\boldsymbol{b})=f(\boldsymbol{a})$ がわかります．　□

D が領域なら D は連結ですから，$\boldsymbol{a}$ と $\boldsymbol{b}$ をつなぐ道 $\{\boldsymbol{w}(t)\,|\,t\in[0,1]\}\subseteq D$ がありますが，この道の近くに $\boldsymbol{a}$ と $\boldsymbol{b}$ をつなぐ折れ線がとれ[1]，上の系と同じ結果が得られます．その証明を手短に書いておきます．

■ **系 2·4·7**　$f\colon D\to\mathbb{R}$ が領域 D 上で全微分可能で D 上で $\nabla f(\boldsymbol{x})=\boldsymbol{0}$ なら，f は D 上で定数関数である．

[証明]　D の任意の 2 点 $\boldsymbol{a},\boldsymbol{b}$ に対してそれを結ぶ道を $\boldsymbol{w}\colon[0,1]\to D$ とします．ただし $\boldsymbol{w}(0)=\boldsymbol{a},\boldsymbol{w}(1)=\boldsymbol{b}$ です．ここで

$$s=\sup\{\,t\,|\,t\in[0,1],\ f(\boldsymbol{w}(t))=f(\boldsymbol{w}(0))\,\}$$

とすると，$\boldsymbol{w}$ と f の連続性から $f(\boldsymbol{w}(s))=f(\boldsymbol{w}(0))$ がわかります．しかも $s=1$ となるのですが，それを示すために $s<1$ と仮定します．図 2·11 を見てください．$\boldsymbol{w}(s)$ は開集合 D の点ですから $\delta>0$ を小さくとれば，図に破線で示した $\boldsymbol{w}(s)$ の δ–近傍 $U(\boldsymbol{w}(s);\delta)$ は D に含まれます．ここで $\boldsymbol{w}$ が連続であることと $s<1$ を使うと，$s'>s$ で $\boldsymbol{w}(s')\in U(\boldsymbol{w}(s);\delta)$ となる s' が存在します．そうすると $\boldsymbol{w}(s)$ と $\boldsymbol{w}(s')$ は $U(\boldsymbol{w}(s);\delta)$ 内の線分で結べますので，定理 2·4·5 によって $f(\boldsymbol{w}(s'))=f(\boldsymbol{w}(s))=f(\boldsymbol{w}(0))$ となります．しかしこれは s の決め方に矛盾しますので，$s=1$ つまり，$f(\boldsymbol{b})=f(\boldsymbol{w}(1))=f(\boldsymbol{w}(0))=f(\boldsymbol{a})$ が得られます．□

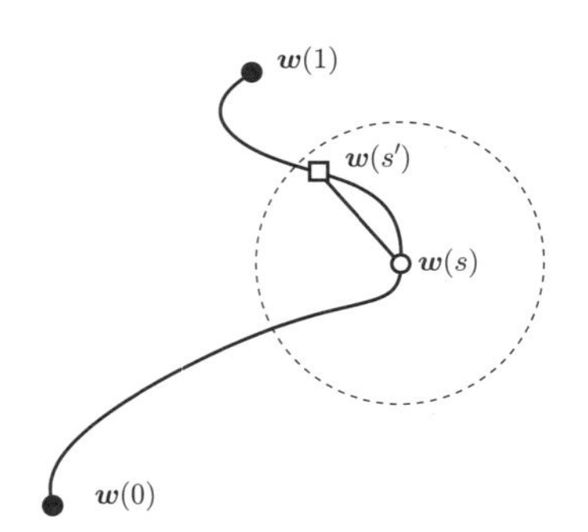

図 2・11　$\nabla f(\boldsymbol{x})=\boldsymbol{0}$ なら定数関数

1) 実は開集合が連結であるとは，それを共通部分をもたない 2 つの開集合に分けることができないことをいいますが，この連結の定義と弧状連結であること，さらに任意の 2 点を折れ線で結ぶことができることは同値になります．たとえば杉浦光夫，“解析入門 I”，東京大学出版会（2012）の第 1 章の定理 8.2，あるいは齋藤正彦，“数学の基礎—集合・数・位相”，東京大学出版会（2011）第 5 章の命題 5.3.21 を見てください．

2・5 連 鎖 律

微分の計算で有用なものの 1 つに連鎖律があります．前節の方向微分の計算では $\boldsymbol{a}=(a_1,a_2,\ldots,a_n)$ と $\boldsymbol{h}=(h_1,h_2,\ldots,h_n)$ に対して n 個の関数を $\alpha_1(t)=a_1+th_1,\ldots,\alpha_n(t)=a_n+th_n$ とすると，実は $f(\alpha_1(t),\ldots,\alpha_1(t))$ なる合成関数の t についての微分を計算していたので，すでに連鎖律を使っていますが，ここではもっと一般の合成関数について考えます．

まずは 2 変数関数 $f\colon D\to\mathbb{R}$ から始めます．今，$\alpha(t)$ と $\beta(t)$ を実数の区間 I で定義された関数とします．I の点 t でのこの 2 つの関数値を x と y の値としてもつ点 $(\alpha(t),\beta(t))$ は，2 変数関数 f の定義域 D に含まれているとします．このとき関数

$$\varphi(t)=f(\alpha(t),\beta(t))$$

は区間 I で定義された関数となり，これを**合成関数**といいます．図 2・12 を見てください．変数 t の値が関数 α と β に入力され，その値 $\alpha(t)$ と $\beta(t)$ が f に入力されて出力 $f(\alpha(t),\beta(t))$ が得られるのですが，それをまとめたのが合成関数 $\varphi(t)$ です．

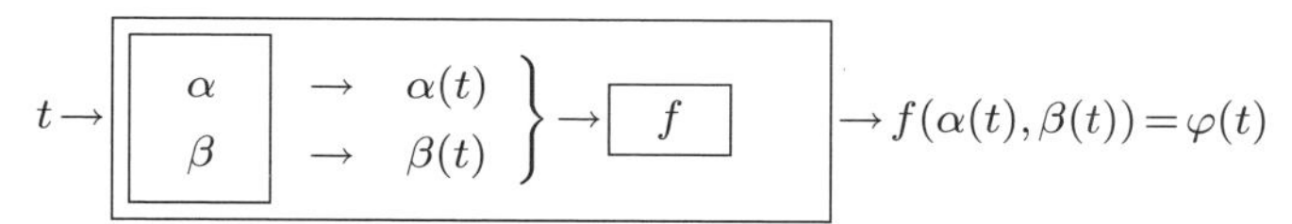

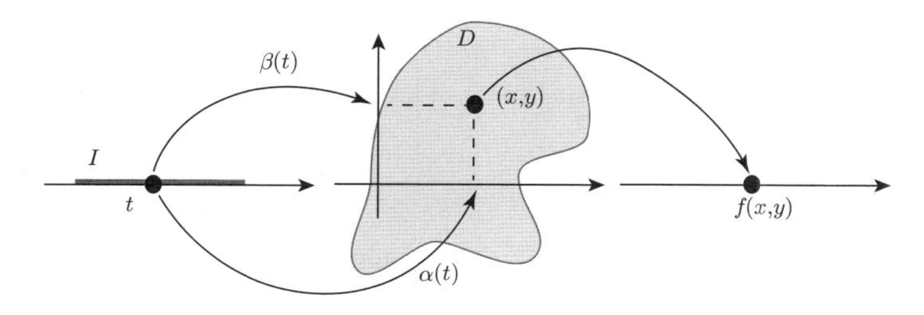

図 2・12 合成関数

上で定義した関数 φ の微分可能性と微分の計算について以下の**連鎖律**とよばれる定理が成り立ちます．

■ **定理 2・5・1** $t=p$ で微分可能な関数 $\alpha(t),\beta(t)$ に対して $a=\alpha(p),b=\beta(p)$ とする．関数 $f(x,y)$ が (a,b) で全微分可能であるとき，合成関数 $\varphi(t)=f(\alpha(t),\beta(t))$ は p で微分可能で

$$\varphi'(p)=f_x(a,b)\alpha'(p)+f_y(a,b)\beta'(p)$$

が成り立つ．

上の結果は，

$$\frac{d\varphi}{dt}(p) = \frac{\partial f}{\partial x}(a,b)\frac{d\alpha}{dt}(p) + \frac{\partial f}{\partial y}(a,b)\frac{d\beta}{dt}(p)$$

と書け，変数を省略して

$$\frac{d\varphi}{dt} = \frac{\partial f}{\partial x}\frac{d\alpha}{dt} + \frac{\partial f}{\partial y}\frac{d\beta}{dt}$$

と書くこともあります．

[証明]　定義を代入すれば証明が終わります．まず定理 2･3･5 を使うと，

$$\alpha(t) = \alpha(p) + \eta_1(t)(t-p) = a + \eta_1(t)(t-p)$$
$$\beta(t) = \beta(p) + \eta_2(t)(t-p) = b + \eta_2(t)(t-p)$$
$$f(x,y) = f(a,b) + \phi_1(x,y)(x-a) + \phi_2(x,y)(y-b)$$

となる p で連続な関数 η_1, η_2 と (a,b) で連続な関数 ϕ_1, ϕ_2 が存在します．ここで，

$$\eta_1(p) = \alpha'(p), \qquad \eta_2(p) = \beta'(p)$$
$$\phi_1(a,b) = f_x(a,b), \quad \phi_2(a,b) = f_y(a,b)$$

であったことを思い出しておいてください．これを代入すると

$$\begin{aligned}
\varphi(t) &= f(\alpha(t), \beta(t)) \\
&= f(\alpha(p), \beta(p)) + \phi_1(\alpha(t), \beta(t))(\alpha(t) - a) + \phi_2(\alpha(t), \beta(t))(\beta(t) - b) \\
&= f(\alpha(p), \beta(p)) + \phi_1(\alpha(t), \beta(t))(a + \eta_1(t)(t-p) - a) \\
&\qquad + \phi_2(\alpha(t), \beta(t))(b + \eta_2(t)(t-p) - b) \\
&= \varphi(p) + \{\phi_1(\alpha(t), \beta(t))\eta_1(t) + \phi_2(\alpha(t), \beta(t))\eta_2(t)\}(t-p)
\end{aligned}$$

となります．$(t-p)$ に掛けられている { } 内の関数が $t=p$ で連続であることはそれぞれの関数の連続性から得られます．これで φ が $t=p$ で微分可能であることが示せました．また，{ } 内の関数に $t=p$ を代入すれば $\varphi'(p)$ が得られますから，

$$\phi_1(\alpha(p), \beta(p))\eta_1(p) = \phi_1(a,b)\eta_1(p) = f_x(a,b)\alpha'(p)$$
$$\phi_2(\alpha(p), \beta(p))\eta_2(p) = \phi_2(a,b)\eta_2(p) = f_y(a,b)\beta'(p)$$

から $\varphi'(p) = f_x(a,b)\alpha'(p) + f_y(a,b)\beta'(p)$ も示せました．　□

連鎖律 $\varphi'(p) = f_x(a,b)\alpha'(p) + f_y(a,b)\beta'(p)$ の意味を考えてみます．$\alpha'(p)$ は変数 t が p から少し変化したときに関数 α が変化する率を表しています．また $f_x(a,b)$ は変数 x が $(x,y) = (a,b)$ から少し変化したときの関数 f が変化する率を表しています．ですから，その積は変数 t が p から少し変化したときに変数 x を通じて関数

φ が変化する率となります．同様に $\beta'(p)$ と $f_y(a,b)$ の積は変数 y を通じて関数 φ が変化する率となり，両者の影響の総和が $\varphi'(p)$ を与えます．図式化すると図 2･13 の左の図となります．

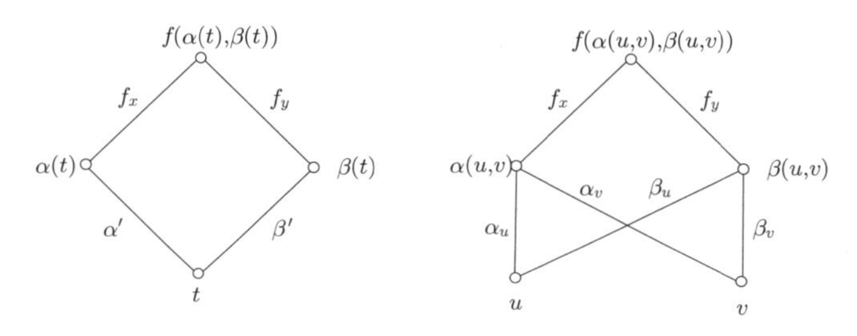

図 2・13　合成関数の微分

上の定理 2･5･1 の n 変数版は以下のようになります．証明は同様に定義を代入して眺めるだけですので省略します．

■ **定理 2･5･2**　$i=1,2,\ldots,n$ について $t=p$ で微分可能な関数 $\alpha_i(t)$ に対して $a_i=\alpha_i(p)$ とする．関数 $f(\boldsymbol{x})$ が $\boldsymbol{a}=(a_1,a_2,\ldots,a_n)$ で全微分可能であるとき，合成関数 $\varphi(t)=f(\alpha_1(t),\alpha_2(t),\ldots,\alpha_n(t))$ は p で微分可能で

$$\varphi'(p)=\sum_{i=1}^{n} f_{x_i}(\boldsymbol{a})\alpha_i'(p)=\nabla f(\boldsymbol{a})^\top \begin{pmatrix} \alpha_1'(p) \\ \vdots \\ \alpha_n'(p) \end{pmatrix}$$

が成り立つ．

図 2･14 のように 2 変数関数 $f(x,y)$ と $\alpha(u,v)$ と $\beta(u,v)$ によって $\varphi(u,v)=f(\alpha(u,v),\beta(u,v))$ と定義されるときの φ の微分については以下の定理が成り

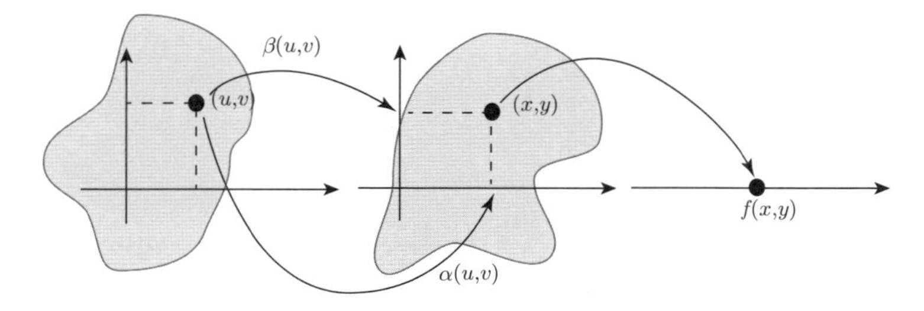

図 2・14　合成関数

立ちます．証明は定理 2･5･1 とほとんど同じです．図 2･13 の右の図にまとめておきます．

■ **定理 2･5･3** (p,q) で全微分可能な関数 $\alpha(u,v), \beta(u,v)$ に対して $a=\alpha(p,q)$, $b=\beta(p,q)$ とします．関数 $f(x,y)$ が (a,b) で全微分可能であるとき，合成関数 $\varphi(u,v)=f(\alpha(u,v),\beta(u,v))$ は (p,q) で全微分可能で

$$\varphi_u(p,q)=f_x(a,b)\alpha_u(p,q)+f_y(a,b)\beta_u(p,q)$$
$$\varphi_v(p,q)=f_x(a,b)\alpha_v(p,q)+f_y(a,b)\beta_v(p,q)$$

が成り立つ．

定理の式はまとめて

$$\big(\varphi_u(p,q),\varphi_v(p,q)\big)=\big(f_x(a,b),f_y(a,b)\big)\begin{bmatrix}\alpha_u(p,q) & \alpha_v(p,q)\\ \beta_u(p,q) & \beta_v(p,q)\end{bmatrix}$$

と書けます．右辺の行列は変数変換 $(x,y)=\big(\alpha(u,v),\beta(u,v)\big)$ の**ヤコビ行列**[1] とよばれます．さらに変数を省略して

$$\Big(\frac{\partial\varphi}{\partial u},\frac{\partial\varphi}{\partial v}\Big)=\Big(\frac{\partial f}{\partial x},\frac{\partial f}{\partial y}\Big)\begin{bmatrix}\dfrac{\partial\alpha}{\partial u} & \dfrac{\partial\alpha}{\partial v}\\[2ex] \dfrac{\partial\beta}{\partial u} & \dfrac{\partial\beta}{\partial v}\end{bmatrix}$$

とも書かれます．

もう少し一般には以下のことがいえます．$i=1,2,\ldots,n$ について $\alpha_i(\boldsymbol{u})$ を m 個の変数 $\boldsymbol{u}=(u_1,u_2,\ldots,u_m)^\top$ の $\boldsymbol{p}\in\mathbb{R}^m$ で全微分可能な関数とし，f は $\boldsymbol{a}=(\alpha_1(\boldsymbol{p}), \alpha_2(\boldsymbol{p}),\ldots,\alpha_n(\boldsymbol{p}))^\top\in\mathbb{R}^n$ で全微分可能な関数とします．このとき合成関数 $\varphi(\boldsymbol{u}) =f(\alpha_1(\boldsymbol{u}),\alpha_2(\boldsymbol{u}),\ldots,\alpha_n(\boldsymbol{u}))$ は $\boldsymbol{p}$ で全微分可能で，その u_i に関する偏微係数は

$$\varphi_{u_i}(\boldsymbol{p})=\nabla f(\boldsymbol{a})^\top\begin{pmatrix}(\alpha_1)_{u_i}(\boldsymbol{p})\\ \vdots\\ (\alpha_n)_{u_i}(\boldsymbol{p})\end{pmatrix}$$

で与えられます．

2･6 テイラーの定理

まず，1 変数のテイラー[2] の定理を復習します．

---

1) Carl G.J. Jacobi にちなむ
2) Brook Taylor

■ **定理 2・6・1**（1 変数関数のテイラーの定理） f を a の近傍で m 回微分可能な関数とする．$a+h$ がこの近傍の点であるとき $0<\theta<1$ なる θ が存在して

$$f(a+h)=f(a)+f'(a)h+\frac{f''(a)}{2!}h^2+\frac{f'''(a)}{3!}h^3+\cdots$$
$$+\frac{f^{(m-1)}(a)}{(m-1)!}h^{m-1}+\frac{f^{(m)}(a+\theta h)}{m!}h^m$$

が成り立つ．

上式は $f^{(0)}=f, 0!=1$ と約束し，最後の項 $\frac{f^{(m)}(a+\theta h)}{m!}h^m$ を $R_m(h)$ と書けば

$$f(a+h)=\sum_{i=0}^{m-1}\frac{f^{(i)}(a)}{i!}h^i+R_m(h)$$

と書くこともできます．$R_m(h)$ は**ラグランジュ**[1]**の剰余項**とよばれます．

■ **定義 2・6・2**（C^m–級関数） f がその定義域 D ですべての変数について m 階の連続な偏導関数をもつとき，関数 f は D 上で C^m–**級**であるという．C^m–級関数のクラスを $\mathcal{C}^m$ で表す．

さて，テイラーの定理を多変数に拡張します．煩雑な記号を避けるためにまずは 2 変数関数について議論することにします．ここで合成関数の連鎖律が役に立ちます．f を C^m–級の関数とし，点 (a,b) はその近傍 $U((a,b);\delta)$ が f の定義域 D に入っている点とし，$(a+h,b+k)\subseteq U((a,b);\delta)$ とします．$\alpha(t)=a+ht, \beta(t)=b+kt$ として合成関数 $\varphi(t)=f(\alpha(t),\beta(t))=f(a+ht,b+kt)$ を考えます．

まず，この合成関数の微分を計算すると

$$\begin{aligned}\varphi'(t)&=f_x(a+ht,b+kt)\alpha'(t)+f_y(a+ht,b+kt)\beta'(t)\\&=f_x(a+ht,b+kt)\,h+f_y(a+ht,b+kt)\,k\\&=\frac{\partial f}{\partial x}(a+ht,b+kt)\,h+\frac{\partial f}{\partial y}(a+ht,b+kt)\,k\end{aligned}$$

ですので，これを形式的に

$$=\left(h\frac{\partial}{\partial x}+k\frac{\partial}{\partial y}\right)f(a+ht,b+kt)$$

と書きます．つまり，f を x で偏微分して h 倍し，次に y で偏微分して k 倍し，加えるという操作をまとめて ( ) の中に書いています．さらに，

1) Joseph-Louis Lagrange

$$\begin{aligned}
\varphi''(t) &= \left[h\frac{\partial f}{\partial x}(a+ht,b+kt)\right]' + \left[k\frac{\partial f}{\partial y}(a+ht,b+kt)\right]' \\
&= h\left\{h\frac{\partial}{\partial x}\frac{\partial f}{\partial x}(a+ht,b+kt)+k\frac{\partial}{\partial y}\frac{\partial f}{\partial x}(a+ht,b+kt)\right\} \\
&\quad + k\left\{h\frac{\partial}{\partial x}\frac{\partial f}{\partial y}(a+ht,b+kt)+k\frac{\partial}{\partial y}\frac{\partial f}{\partial y}(a+ht,b+kt)\right\} \\
&= h^2\frac{\partial}{\partial x}\frac{\partial f}{\partial x}(a+ht,b+kt)+hk\frac{\partial}{\partial y}\frac{\partial f}{\partial x}(a+ht,b+kt) \\
&\quad + kh\frac{\partial}{\partial x}\frac{\partial f}{\partial y}(a+ht,b+kt)+k^2\frac{\partial}{\partial y}\frac{\partial f}{\partial y}(a+ht,b+kt)
\end{aligned}$$

ですから，これを

$$= \left(h\frac{\partial}{\partial x}+k\frac{\partial}{\partial y}\right)^2 f(a+ht,b+kt)$$

と形式的に書くことにします．つまり，$(\ )^2$ を通常の乗法公式によって展開して，$h^2\frac{\partial}{\partial x}\frac{\partial}{\partial x}+hk\frac{\partial}{\partial y}\frac{\partial}{\partial x}+kh\frac{\partial}{\partial x}\frac{\partial}{\partial y}+k^2\frac{\partial}{\partial y}\frac{\partial}{\partial y}$ を求め，その個々の項の操作を f に施すことを表しています．

この書き方を用いると一般に

$$\varphi^{(m)}(t) = \left(h\frac{\partial}{\partial x}+k\frac{\partial}{\partial y}\right)^m f(a+ht,b+kt)$$

が得られます．なかなか調子のよい書き方です．この記法と 1 変数のテイラーの定理 2･6･1 を組合わせればただちに次の多変数の**テイラーの定理**が得られます．

■ **定理 2･6･3**（多変数関数のテイラーの定理）　f は D 上で C^m–級の関数で 2 点 $(a,b),(a+h,b+k)\in D$ を結ぶ線分が D に含まれるとする．このとき $0<\theta<1$ なる θ が存在して

$$\begin{aligned}
f(a+h,b+k) &= f(a,b) \\
&\quad + \left(h\frac{\partial}{\partial x}+k\frac{\partial}{\partial y}\right)f(a,b) \\
&\quad + \frac{1}{2!}\left(h\frac{\partial}{\partial x}+k\frac{\partial}{\partial y}\right)^2 f(a,b) \\
&\quad + \frac{1}{3!}\left(h\frac{\partial}{\partial x}+k\frac{\partial}{\partial y}\right)^3 f(a,b)+\cdots \\
&\qquad \cdots + \frac{1}{(m-1)!}\left(h\frac{\partial}{\partial x}+k\frac{\partial}{\partial y}\right)^{m-1} f(a,b) \\
&\quad + R_m(h,k)
\end{aligned} \tag{2･11}$$

が成り立つ．ここで，

$$R_m(h,k)=\frac{1}{m!}\left(h\frac{\partial}{\partial x}+k\frac{\partial}{\partial y}\right)^m f(a+\theta h,b+\theta k)$$

である．

$R_m(h,k)$ は**ラグランジュの剰余項**とよばれます．ラグランジュの剰余項はその直前の項に比べて無視できる大きさであることが次の系からわかります．

■ **系 2・6・4** 定理 2・6・3 と同じ条件の下で

$$R_m(h,k)=o(\|(h,k)\|^{m-1})$$

[証明] テイラーの定理から $f(a+h,b+k)$ の 2 つの等式

$$f(a+h,b+k)=f(a,b)+\sum_{l=1}^{m-2}\frac{1}{l!}\left(h\frac{\partial}{\partial x}+k\frac{\partial}{\partial y}\right)^k f(a,b)$$
$$+\frac{1}{(m-1)!}\left(h\frac{\partial}{\partial x}+k\frac{\partial}{\partial y}\right)^{m-1} f(a+\theta h,b+\theta k)$$
$$f(a+h,b+k)=f(a,b)+\sum_{l=1}^{m-2}\frac{1}{l!}\left(h\frac{\partial}{\partial x}+k\frac{\partial}{\partial y}\right)^k f(a,b)$$
$$+\frac{1}{(m-1)!}\left(h\frac{\partial}{\partial x}+k\frac{\partial}{\partial y}\right)^{m-1} f(a,b)+R_m(h,k)$$

が得られますので，

$$R_m(h,k)=\frac{1}{(m-1)!}\left(h\frac{\partial}{\partial x}+k\frac{\partial}{\partial y}\right)^{m-1}(f(a+\theta h,b+\theta k)-f(a,b))$$

です．この式は

$$\frac{1}{(m-1)!}\binom{m-1}{l}h^l k^{m-1-l}(f_*(a+\theta h,b+\theta k)-f_*(a,b))$$

の和でできています．f の添字の $*$ は $m-1$ 階の偏微分を示しています．$|h^l k^{m-1-l}|\leq\|(h,k)\|^{m-1}$ ですから，各項を $\|(h,k)\|^{m-1}$ で除した値は $(1/l!(m-1-l)!)|f_*(a+\theta h,b+\theta k)-f_*(a,b)|$ で抑えられます．しかも f_* は点 (a,b) で連続ですから $0<\theta<1$ を思い起こすと $\lim_{(h,k)\to(0,0)}|f_*(a+\theta h,b+\theta k)-f_*(a,b)|=0$ が得られ，結局

$$\lim_{(h,k)\to(0,0)}\frac{|R_m(h,k)|}{\|(h,k)\|^{m-1}}=0$$

が得られます． □

式 (2・11) の右辺の最後のラグランジュの剰余項の補正 $(a+\theta h,b+\theta k)$ をやめて，

これを (a,b) に置き換えてしまえば，関数 f の $(a+h,b+k)$ での値が h と k の m 次の多項式で近似できるとこの定理は述べています．では，剰余項による補正をやめ，その代わりに m を大きくしたとき，右辺の級数はもとの関数に何らかの意味で収束するでしょうか．つまり

$$f(x,y) \overset{?}{=} \sum_{m=0}^{\infty} \frac{1}{m!}\left((x-a)\frac{\partial}{\partial x}+(y-b)\frac{\partial}{\partial y}\right)^m f(a,b)$$

となるでしょうか．残念ながら必ずしもそうとはいえません．1 変数の C^∞–級関数

$$f(x)=\begin{cases} e^{-1/x^2} & (x\neq 0) \\ 0 & (x=0) \end{cases} \tag{2·12}$$

は図 2·15 の左図に描かれているように，原点で非常に平らな関数で，計算は少々面倒ですが，原点でのすべての高階の微分係数がゼロとなることが確かめられます．そのためテイラー級数は恒等的にゼロとなり $f(x)$ と一致しません．

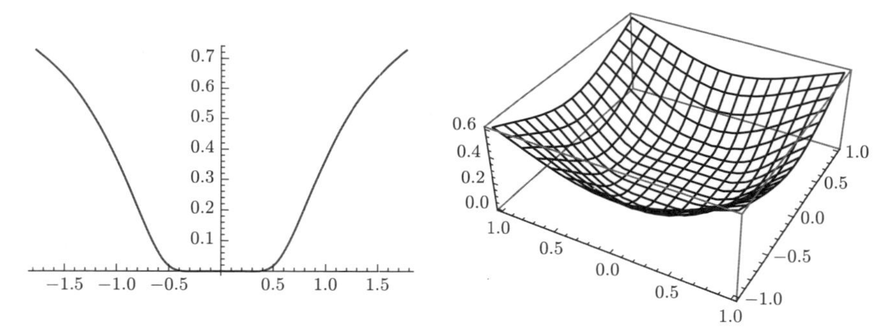

図 2・15　$f(x)=e^{-1/x^2}$ と $f(x,y)=e^{-1/(x^2+y^2)}$ のグラフ

■ **例 2·6·5**　上の関数 (2·12) を縦軸のまわりに 360 度回転すれば図 2·15 の右図に示した次の関数 (2·13) が得られます．この関数の原点まわりのテイラー級数は f に収束しません．

$$f(x,y)=\begin{cases} e^{-1/(x^2+y^2)} & ((x,y)\neq(0,0)) \\ 0 & ((x,y)=(0,0)) \end{cases} \tag{2·13}$$

2・7　陰関数定理

第 1 章 §1·6 で紹介した陰関数定理 1·6·1 を次に再録します．

■ **定理 2·7·1**（陰関数定理）　2 変数関数 g の定義域を $D\subseteq\mathbb{R}^2$，点 (a,b) を $D\subseteq\mathbb{R}^2$

の内点とし[1]，$U(a;r)\times U(b;r)\subseteq D$ とする．$g\colon D\to\mathbb{R}$ に以下の条件を仮定する．

a) $g(a,b)=0$

b) 各 $x\in U(a;r)$ で $g(x,y)$ は y の関数として $U(b;r)$ 上で狭義単調増加連続関数

c) 各 $y\in U(b;r)$ で $g(x,y)$ は x の関数として $U(a;r)$ 上で連続関数

このとき a の δ_x–近傍 $U(a;\delta_x)$ と b の δ_y–近傍 $U(b;\delta_y)$ と連続な関数 $\varphi\colon U(a;\delta_x)\to U(b;\delta_y)$ が存在して

d) $\forall(x,y)\in U(a;\delta_x)\times U(b;\delta_y)\quad g(x,y)=0\Leftrightarrow y=\varphi(x)$

が成り立つ．

この定理の証明を終えた箇所に書きましたように，条件 b) にある $g(x,y)$ が y の関数として狭義単調増加であるとの仮定を狭義単調減少に置き換えても同じ結果が得られます．これまでの議論からわかるように各 $x\in U(a;r)$ に対して y についての偏導関数 $g_y(x,y)$ が $U(b;r)$ 上でずっと正であるか，あるいはずっと負であるならこの単調性が得られます．さらに g_y に連続性を仮定すれば，$g_y(x,b)\neq 0$ との仮定から b の小さな近傍上で $g_y(x,y)\neq 0$ が導けます．さらに g が C^1–級関数であると仮定してしまえば，$g_y(a,b)\neq 0$ との仮定から必要な仮定の b) と c) が出てきます．以上の観察から次の陰関数定理の c) を満たす関数 φ の存在はただちに得られます．

■ **定理 2・7・2**（陰関数定理） 2 変数 (x,y) の C^1–級関数 g の定義域を $D\subseteq\mathbb{R}^2$，点 (a,b) を D の点とする．このとき

a) $g(a,b)=0$

b) $g_y(a,b)\neq 0$

なら a の δ_x–近傍 $U(a;\delta_x)$ と b の δ_y–近傍 $U(b;\delta_y)$ と連続な関数 $\varphi\colon U(a;\delta_x)\to U(b;\delta_y)$ が存在して

c) $\forall(x,y)\in U(a;\delta_x)\times U(b;\delta_y)\quad g(x,y)=0\Leftrightarrow y=\varphi(x)$

を満たす．さらに

d) $\varphi'(x)=-\dfrac{g_x(x,\varphi(x))}{g_y(x,\varphi(x))}$

e) φ は C^1–級関数

1) 1 章では D が開集合であるとの仮定をおいていなかったので，ここでは点 (a,b) は D の内点であると断っています．

が成り立つ．

[証明]　仮定された条件から c) が得られることは定理直前の議論で証明済みですので，d) と e) を示します．そのために区間 $U(a;\delta_x)$ から x と $x+h$ を選び，$k=\varphi(x+h)-\varphi(x)$ とします．φ の連続性から

$$h\to 0 \Rightarrow k\to 0 \tag{2・14}$$

となることと，

$$\frac{k}{h}=\frac{\varphi(x+h)-\varphi(x)}{h} \tag{2・15}$$

を記憶しておいてください．$g(x+h,\varphi(x+h))=0$ と k の定義から

$$\begin{aligned}0&=g(x+h,\varphi(x+h))=g(x+h,\varphi(x)+(\varphi(x+h)-\varphi(x)))\\&=g(x+h,\varphi(x)+k)\end{aligned}$$

です．この右辺に平均値の定理を使うと，$0<\theta<1$ なる θ がとれて

$$\begin{aligned}&=g(x,\varphi(x))+g_x(x+\theta h,\varphi(x)+\theta k)h+g_y(x+\theta h,\varphi(x)+\theta k)k\\&=g_x(x+\theta h,\varphi(x)+\theta k)h+g_y(x+\theta h,\varphi(x)+\theta k)k\end{aligned}$$

が得られます．最後の等式は $g(x,\varphi(x))=0$ から来ています．上式の両辺を $h\cdot g_y(x+\theta h,\varphi(x)+\theta k)$ で割れば，k/h の別の表現

$$\frac{k}{h}=-\frac{g_x(x+\theta h,\varphi(x)+\theta k)}{g_y(x+\theta h,\varphi(x)+\theta k)} \tag{2・16}$$

が得られます．そうすると式 (2・14)，(2・15)，(2・16)，さらに g_x と g_y の連続性より

$$\begin{aligned}\varphi'(x)&=\lim_{h\to 0}\frac{\varphi(x+h)-\varphi(x)}{h}\\&=-\lim_{h\to 0}\frac{g_x(x+\theta h,\varphi(x)+\theta k)}{g_y(x+\theta h,\varphi(x)+\theta k)}=-\frac{g_x(x,\varphi(x))}{g_y(x,\varphi(x))}\end{aligned}$$

が得られ，d) が示せました．同時に φ' が連続関数 g_x と g_y の比で書けていますから，その連続性，つまり e) の φ が C^1–級関数であることも示せました．　□

もしも φ の存在と微分可能性があらかじめわかっていたら，$g(x,\varphi(x))=0$ の両辺を x で微分すると連鎖律から

$$g_x(x,\varphi(x))+g_y(x,\varphi(x))\varphi'(x)=0$$

となるので，d) はこれからすぐに得られます．

この定理は $g_y(a,b)\neq 0$ なら，点 (a,b) の近くで $g(x,y)=0$ が y に関して解き出せるといっています．当然 x と y の役割を入替えれば $g_x(a,b)\neq 0$ のとき x に関して解き出せます．そこで

■ 定義 2・7・3 C^1–級関数 g に対して $\Gamma=\{(x,y)\mid g(x,y)=0\}$ とする．Γ の点 (a,b) は，$g_x(a,b)=g_y(a,b)=0$ なら Γ の**特異点**であるといい，そうでないときには**通常点**であるという．

と定義すると，陰関数定理は (a,b) が Γ の通常点であれば，その近傍でどちらかの変数に関して C^1–級関数で解き出せると述べていることになります．

陰関数定理の $n+1$ 変数版を次の定理に与えておきます．証明は**縮小写像**の不動点定理を用いるのが一般的ですが，本書の範囲を越えるので割愛します．

■ 定理 2・7・4 $n+1$ 変数 $(\boldsymbol{x},y)\in\mathbb{R}^{n+1}$ の C^1–級関数 $g\colon D\to\mathbb{R}$ の定義域を D とし，$(\boldsymbol{a},b)\in\mathbb{R}^{n+1}$ を D の点とする．このとき

a) $g(\boldsymbol{a},b)=0$

b) $g_y(\boldsymbol{a},b)\neq 0$

なら，$\boldsymbol{a}$ の近傍 $U(\boldsymbol{a};\delta_{\boldsymbol{x}})\subseteq\mathbb{R}^n$ と b の近傍 $U(b;\delta_y)\subseteq\mathbb{R}$ と C^1–級関数 $\varphi\colon U(\boldsymbol{a};\delta_{\boldsymbol{x}})\to U(b;\delta_y)$ が存在して

c) $\forall(\boldsymbol{x},y)\in U(\boldsymbol{a};\delta_{\boldsymbol{x}})\times U(b;\delta_y)\quad g(\boldsymbol{x},y)=0\Leftrightarrow y=\varphi(\boldsymbol{x})$

d) $\displaystyle \varphi_{x_i}(\boldsymbol{x})=-\frac{g_{x_i}(\boldsymbol{x},\varphi(\boldsymbol{x}))}{g_y(\boldsymbol{x},\varphi(\boldsymbol{x}))}\quad (i=1,2,\ldots,n)$

が成り立つ．

■ 明日へ 2・7・5 $n+m$ 個の変数 $(\boldsymbol{x},\boldsymbol{y})$ をもつ m 個の関数 $g_1(\boldsymbol{x},\boldsymbol{y}),g_2(\boldsymbol{x},\boldsymbol{y}),\ldots,g_m(\boldsymbol{x},\boldsymbol{y})$ のつくる等式

$$\begin{gathered}g_1(\boldsymbol{x},\boldsymbol{y})=0\\ g_2(\boldsymbol{x},\boldsymbol{y})=0\\ \vdots\\ g_m(\boldsymbol{x},\boldsymbol{y})=0\end{gathered}$$

を考えてみます．ここで $\boldsymbol{x}\in\mathbb{R}^n,\boldsymbol{y}\in\mathbb{R}^m$ です．この等式を満たす点 $(\boldsymbol{a},\boldsymbol{b})\in\mathbb{R}^{n+m}$ の近傍でどの g_i も C^1–級関数で，しかも $m\times m$ 行列

$$\begin{bmatrix} \dfrac{\partial g_1}{\partial y_1}(\boldsymbol{a},\boldsymbol{b}) & \dots & \dfrac{\partial g_1}{\partial y_m}(\boldsymbol{a},\boldsymbol{b}) \\ & \dots & \\ \dfrac{\partial g_m}{\partial y_1}(\boldsymbol{a},\boldsymbol{b}) & \dots & \dfrac{\partial g_m}{\partial y_m}(\boldsymbol{a},\boldsymbol{b}) \end{bmatrix}$$

が正則なら，上の等式を $(\boldsymbol{a},\boldsymbol{b})$ の近くで変数 $\boldsymbol{y}$ について解き出すことができます．つまり，点 $\boldsymbol{a}$ の近傍で m 個の C^1–級関数 $\varphi_1(\boldsymbol{x}),\dots,\varphi_m(\boldsymbol{x})$ が存在して，$i=1,2,\dots,m$ について $g_i(\boldsymbol{x},\varphi_1(\boldsymbol{x}),\dots,\varphi_m(\boldsymbol{x}))=0$ が成り立ちます[1]．

2・8 極値問題

C^1–級の 1 変数関数 f が $x=a$ で極小であるための必要条件は $f'(a)=0$ でした．これは極大であるための必要条件でもありましたので，まとめて極値をとる必要条件といえます．決して十分条件ではありません．多変数関数の場合にも同様の結果が導けます．

■ **定義 2・8・1** $f\colon D\subseteq\mathbb{R}^n\to\mathbb{R}$ を C^1–級関数，D の点 $\boldsymbol{a}$ について以下のように定義する．

a) $\boldsymbol{a}$ は f の**停留点**である $\rightleftharpoons \nabla f(\boldsymbol{a})=\boldsymbol{0}$

b) $\boldsymbol{a}$ は f の**極小点**である $\rightleftharpoons \exists\delta>0:\forall\boldsymbol{x}\in U(\boldsymbol{a};\delta)\ f(\boldsymbol{a})\le f(\boldsymbol{x})$[2]

c) $\boldsymbol{a}$ は f の**極大点**である $\rightleftharpoons \exists\delta>0:\forall\boldsymbol{x}\in U(\boldsymbol{a};\delta)\ f(\boldsymbol{a})\ge f(\boldsymbol{x})$

d) $\boldsymbol{a}$ は f の**鞍点**である $\rightleftharpoons$ b) でも c) でもないとき

■ **定理 2・8・2** $\boldsymbol{a}$ の近傍で定義されている C^1–級関数 f に対して，$\boldsymbol{a}$ が極小点であるか極大点であれば，それは停留点である．

[証明] $\boldsymbol{a}$ が極小点であるとします．どの i についても，定義から a_i は関数 $f(a_1,\dots,a_{i-1},x_i,a_{i+1},\dots,a_n)$ の極小点ですから，1 変数関数に対する結果からただちに $f_{x_i}(\boldsymbol{a})=0$ が得られ，$\nabla f(\boldsymbol{a})=\boldsymbol{0}$ となります． □

1 変数関数の場合と同様ですが，1 階の偏微係数の情報から極小点であるか極大点であるか，あるいはそのどちらでもないかを判別することはできません．その判別には少なくとも 2 階以上の偏微係数までみる必要があります．$f\colon\mathbb{R}^2\to\mathbb{R}$ を C^2–級関数とし，(a,b) をその停留点とします．$f_x(a,b)=f_y(a,b)=0$ に注意すれば

1) 詳しくは杉浦光夫，“解析入門Ⅱ”，東京大学出版会（2012）などを見てください．

2) δ–近傍 $U(\boldsymbol{a};\delta)$ の $\boldsymbol{a}$ 以外の点 $\boldsymbol{x}$ に対して $f(\boldsymbol{a})<f(\boldsymbol{x})$ のとき極小点とよんで，上の定義の極小点を広義の極小点とよぶ流儀もありますが，ここでは上の定義を採用します．

テイラーの定理から

$$f(a+h,b+k)=f(a,b)+\left(h\frac{\partial}{\partial x}+k\frac{\partial}{\partial y}\right)f(a,b)$$
$$+\frac{1}{2!}\left(h\frac{\partial}{\partial x}+k\frac{\partial}{\partial y}\right)^2 f(a+\theta h,b+\theta k)$$
$$=f(a,b)+\frac{1}{2!}\left(h\frac{\partial}{\partial x}+k\frac{\partial}{\partial y}\right)^2 f(a+\theta h,b+\theta k)$$

となる θ が存在しますので，$f(a+h,b+k)$ が $f(a,b)$ と比べて大きいか小さいかは，右辺の第 2 項にある f の $(a+\theta h,b+\theta k)$ での 2 階の偏微係数の符号が決めています．2 階の偏導関数を並べた行列 $H(x,y)$ を

$$H(x,y)=\begin{bmatrix} f_{xx}(x,y) & f_{xy}(x,y) \\ f_{yx}(x,y) & f_{yy}(x,y) \end{bmatrix}$$

と定義すれば，上式は

$$f(a+h,b+k)=f(a,b)+\frac{1}{2!}\begin{pmatrix} h \\ k \end{pmatrix}^{\top} H(a+\theta h,b+\theta k)\begin{pmatrix} h \\ k \end{pmatrix} \qquad (2\cdot17)$$

と書けます．$H(x,y)$ は**ヘッセ行列**とよばれます．f は C^2–級関数ですから，定理 2・2・2 よりヘッセ行列は対称行列で，しかもその要素は (a,b) で連続ですから，(h,k) が小さければ $H(a+\theta h,b+\theta k)$ は $H(a,b)$ とほとんど違いはありません．そこで $H(a,b)$ に注目します．

ヘッセ行列 $H(a,b)$ を $\begin{bmatrix} p & r \\ r & q \end{bmatrix}$ と書き，(k,h) の 2 次形式を

$$Q(h,k)=\begin{pmatrix} h \\ k \end{pmatrix}^{\top} H(a,b)\begin{pmatrix} h \\ k \end{pmatrix}$$

と書くことにします．$p\neq 0$ の下では

$$Q(h,k)=ph^2+2rhk+qk^2=p\left(h+\frac{r}{p}k\right)^2+\frac{pq-r^2}{p}k^2 \qquad (2\cdot18)$$

と書き直せますから，

$$p>0 \wedge pq-r^2>0 \qquad (2\cdot19)$$

なら，任意の $(h,k)\neq(0,0)$ に対してこの 2 次形式は正となります．実際，$k\neq 0$ なら第 2 項が正で第 1 項は非負となり，$k=0$ なら $h\neq 0$ ですから第 1 項が正となります．このとき $H(a,b)$ は**正定値**であるといわれます．

同じ 2 次形式が常に負になる，つまり $Q(h,k)<0$ となる条件を求めておきます．

それは $-H(a,b)=\begin{bmatrix}-p & -r\\ -r & -q\end{bmatrix}$ が正定値であればよいことになりますから，

$$-p>0 \wedge (-p)(-q)-(-r)^2>0$$

となり，整理すると

$$p<0 \wedge pq-r^2>0 \tag{2·20}$$

となります．初めの p の不等式の向きは逆転しますが，2 番目の不等式はそのままです．このとき $H(a,b)$ は**負定値**であるといわれます．

■ 明日へ 2·8·3　ゼロでない任意の実数 x に対して $ax^2>0$ であることと $a>0$ は同値です．$n\times n$ 行列 A と $\boldsymbol{x}\in\mathbb{R}^n$ に対して $\boldsymbol{x}^\top A\boldsymbol{x}$ を行列 A の **2 次形式**といいます．実数 a に対する上の性質のアナロジーとして，$n\times n$ 行列 A については，ゼロでない任意のベクトル $\boldsymbol{x}\in\mathbb{R}^n$ に対して 2 次形式 $\boldsymbol{x}^\top A\boldsymbol{x}$ が正となることを行列 A が**正定値**であると定義します．また任意のベクトル $\boldsymbol{x}\in\mathbb{R}^n$ に対して $\boldsymbol{x}^\top A\boldsymbol{x}\geq 0$ なら**非負定値**あるいは**半正定値**であるといいます．同様に，ゼロでない任意のベクトル $\boldsymbol{x}\in\mathbb{R}^n$ に対して $\boldsymbol{x}^\top A\boldsymbol{x}<0$ なら**負定値**と定義します．また，A が実対称行列なら，正定値であることとそのすべての固有値（行列の対称性から実数となります）が正であることとは同値で，非負定値とそのすべての固有値が非負であることとは同値です．

$H(x,y)$ の要素は (a,b) で連続な関数であり，しかも正定値の条件 (2·19) も負定値の条件 (2·20) もそれらの関数のつくる多項式ですからやはり (a,b) で連続です．よって，(a,b) のある近傍 $U((a,b);\delta)$ が存在して，その任意の点 $(a+h,b+k)$ で正定値あるいは負定値であるためのこれらの条件の不等式は保たれます．以上の観察から次の定理が得られます．

■ 定理 2·8·4　f を C^2–級関数とし，(a,b) がその停留点であると仮定する．

a)　$H(a,b)$ が正定値なら (a,b) は極小点である．

b)　$H(a,b)$ が負定値なら (a,b) は極大点である．

c)　$pq-r^2<0$ なら (a,b) は鞍点である．

[証明]　$H(a,b)$ が正定値なら (a,b) のある近傍 $U((a,b);\delta)$ の任意の点 $(x,y)=(a+h,b+k)$ で $H(x,y)$ も正定値となります．$0<\|(h,k)\|<\delta$ なら $0<\|(\theta h,\theta k)\|=|\theta|\|(h,k)\|<\delta$ ですから，$H(a+\theta h,b+\theta k)$ が正定値となり，式 (2·17) より，$f(a+h,b+k)>f(a,b)$ が得られます．$H(a,b)$ が負定値の場合も同様です．

c) を示すのに，(a,b) のいくらでも近くに (a,b) よりも小さな関数値を与える点と，大きな関数値を与える点があることを示します．τ を δ に比べて十分小さい正の実数としておきます．式 (2・18) から $p>0$ のときは $Q(1,0)=p>0$ で $Q(-r/p,1)=(pq-r^2)/p<0$ となりますので，$\tau(1,0)$ と $\tau(-r/p,1)$ はいずれも δ–近傍に入り，しかも両者で Q の符号が異なっています．同様に $p<0$ のときは $Q(1,0)=p<0$ で $Q(-r/p,1)=(pq-r^2)/p>0$ となります．また，$p=0$ の場合は，仮定 $pq-r^2<0$ から $r\neq 0$ ですから，$q\neq 0$ の場合は $Q(0,1)=q$ と $Q(1,-r/q)=-r^2/q$ となり，両者の符号が異なります．最後に $p=q=0$ の場合には，$Q(1,1)=2r, Q(1,-1)=-2r$ となりやはり両者の符号が異なります． □

この定理が $pq-r^2=0$ の場合について何も述べていないことに気づいたと思いますが，このときには (a,b) が極小点になるか，極大点になるか，そのどちらでもないかは，2 階の偏微係数から判断することができません．

■ **例 2・8・5** $f(x,y)=x^3+y^3-3xy$ の極値を求めます．$f_x(x,y)=3x^2-3y=0$, $f_y(x,y)=3y^2-3x=0$ と解くと $(x,y)=(0,0),(1,1)$ が得られます．2 階の偏導関数は $f_{xx}(x,y)=6x, f_{xy}(x,y)=-3, f_{yy}(x,y)=6y, f_{yx}(x,y)=-3$ ですからそれぞれの点でのヘッセ行列は

$$H(0,0)=\begin{bmatrix}0 & -3\\ -3 & 0\end{bmatrix},\quad H(1,1)=\begin{bmatrix}6 & -3\\ -3 & 6\end{bmatrix}$$

となり，これから (0,0) は鞍点，(1,1) は極小点であることがわかります．

■ **例 2・8・6** 図 2・16 の関数 $f(x,y)=(y-x^2)(y-3x^2)$ をみてみます．原点で関数値は $f(0,0)=0$，その偏微係数も $f_x(0,0)=f_y(0,0)=0$ となります．しかしゼロでない任意の δ に対して点 $(x,y)=(0,\delta)$ での関数値は $f(0,\delta)=\delta^2>0$ ですし，点 $(x,y)=(\delta,2\delta^2)$ での関数値は $f(\delta,2\delta^2)=(2\delta^2-\delta^2)(2\delta^2-3\delta^2)=-\delta^4<0$ となります．δ はいくらでも小さくとることができますから，原点は極小点でも極大点でもありません．しかし，直線 $x=0$ 上では $f(0,y)=y^2$ ですから，$(x,y)=(0,0)$ は極小点です．一般に，傾き m の直線 $y=mx$ 上では $f(x,mx)=(mx-x^2)(mx-3x^2)=m^2x^2-4mx^3+3x^4$ で，その x に関する 1 階の微分係数は $x=0$ でゼロとなり，2 階の微分係数は $x=0$ で $2m^2\geq 0$ となります．つまり，原点を通る直線上に関数を制限すれば直線の傾きに関わらず原点は常に極小点となっています．妙な関数です．

問題 2・8・7 上の例の関数 $f(x,y)=(y-x^2)(y-3x^2)$ の原点でのヘッセ行列を計算し，定理 2・8・4 のどのケースにも当てはまらないことを確かめなさい．

問題 2・8・8 関数

$$f(x,y)=x^3+y^3+3x^2-3y^2$$

について，その極値を与える点をすべて列挙して，極小点，極大点，それ以外に分類しなさい．

問題 2・8・9 $y=(1/2)x^2$ のグラフ上の点と $y=2x-7$ 上の点でその距離が最も短い点の対を求めなさい．

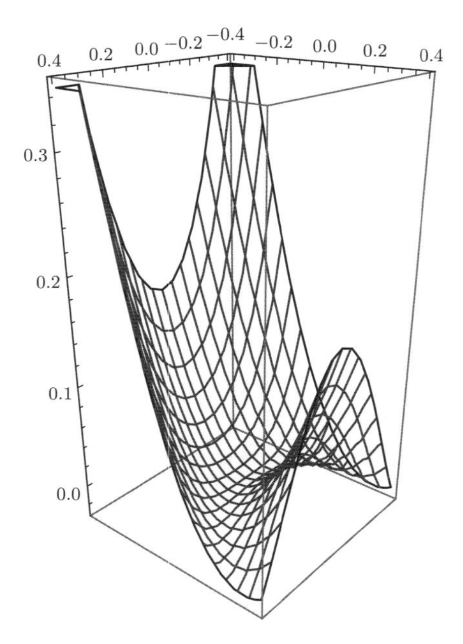

図 2・16 原点が極小点でも極大点でもない関数 $f(x,y)=(y-x^2)(y-3x^2)$

2・9 等高線と勾配

関数 $f(x,y)$ が一定値 c をとっている点 (x,y) を集めたものが等高線でした．どんなときに等高線が関数として陽に与えられるかは §1・6 の陰関数定理で示し，§2・7 に再登場しました．さて，以下では f は全微分可能であるとします．図 2・17 のように，高さ c の等高線上に点 (a,b) とその近くの点 (x,y) をとります．全微分可能ですから

$$f(x,y)=f(a,b)+f_x(a,b)(x-a)+f_y(a,b)(y-b)+o(\|(x-a,y-b)\|)$$

を満たします．$f(x,y)=f(a,b)=c$ であることを思い出して，上式の両辺を $\|(x-a,y-b)\|$ で割ると

$$\frac{f_x(a,b)(x-a)+f_y(a,b)(y-b)}{\|(x-a,y-b)\|}=-\frac{o(\|(x-a,y-b)\|)}{\|(x-a,y-b)\|}$$

が得られます．よって

$$\lim_{(x,y)\to(a,b)}\frac{f_x(a,b)(x-a)+f_y(a,b)(y-b)}{\|(x-a,y-b)\|}=0$$

がわかります．この左辺は

$$\frac{f_x(a,b)(x-a)+f_y(a,b)(y-b)}{\|(x-a,y-b)\|}=(f_x(a,b),f_y(a,b))\frac{1}{\|(x-a,y-b)\|}\begin{pmatrix}x-a\\y-b\end{pmatrix}$$

つまり，$(x-a,y-b)$ をそのノルムで割って，大きさを 1 にしたベクトル $(x-a,y-b)/\|(x-a,y-b)\|$ と $(f_x(a,b),f_y(a,b))$ との内積です．$(x-a,y-b)/\|(x-a,y-b)\|$ は等高線の接線方向ですから，ベクトル $(f_x(a,b),f_y(a,b))$ が等高線に直交していることを示しています．ベクトル $\nabla f(a,b)=(f_x(a,b),f_y(a,b))$ が勾配ベクトルとよばれる理由がうなずけます．勾配の以上の幾何学的なイメージを記憶しておいてください．

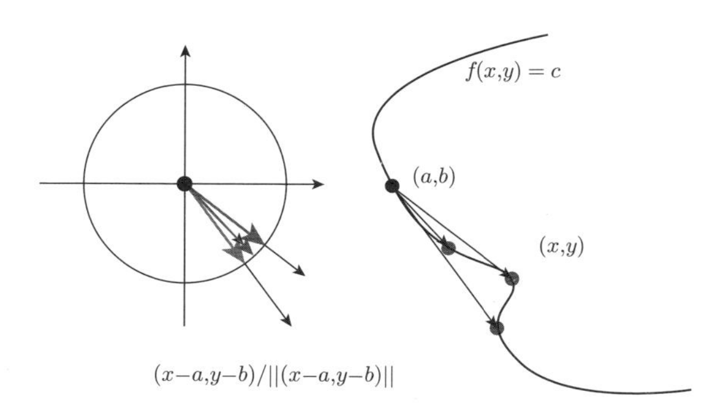

図 2・17 f の等高線とその上の点 (a,b) と (x,y)

2・10 制約下での極値問題

次に考えるのは領域 D で定義された f と g に対して，$g(x,y)=0$ の下で $f(x,y)$ の極値を求める問題です．まず，楕円に内接する長方形の面積の極値問題を考えます．

■ **例 2・10・1** 図 2・18 に示すように，楕円 $x^2+4y^2=1$ に内接し，辺が座標軸と平行な長方形で最大の面積をもつものを求めてみます．長方形の右上の角の座標を (x,y) とすると，面積は $4xy$ となりますから，条件 $g(x,y)=x^2+4y^2-1=0$ と

$x \geq 0, y \geq 0$ の下で $f(x,y) = xy$ を最大にすればよいことになります．$x \geq 0, y \geq 0$ の下で条件式 $g(x,y) = 0$ は $y = (1/2)\sqrt{1-x^2}$ と解くことができますので，$f(x,y)$ に代入して，$\varphi(x) = (1/2)x\sqrt{1-x^2}$ を $0 \leq x \leq 1$ の条件の下で最大にすればいいことになります．区間 $[0,1]$ の両端点では $\varphi(x) = 0$ となることを記憶しておいてください．$\varphi'(x) = (1/2)(1-2x^2)/\sqrt{1-x^2}$ から，$\varphi'(x) = 0$ を解いて，$x \geq 0$ を考慮すると $x = \sqrt{2}/2$ が得られます．このとき $y = \sqrt{2}/4$ となり，$f(x,y) = \varphi(x) = 1/4$ が得られます．x の動く範囲である区間 $[0,1]$ の両端点では $f(x,y) = 0$ だったことと，他に極値がないことから，この値が f の最大値で，そのときの長方形の面積は 1 となります．

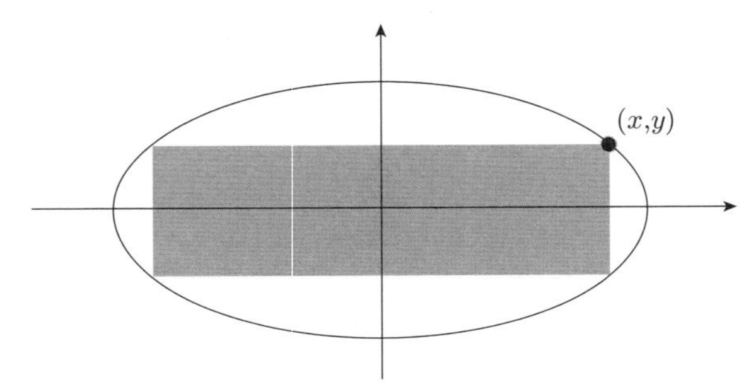

図 2・18 楕円に内接する長方形

この問題では変数の考慮すべき範囲 $x \geq 0, y \geq 0$ で条件式 $x^2 + 4y^2 = 1$ が y に関して解けたので，1 変数 $\varphi(x) = (1/2)x\sqrt{1-x^2}$ の最大化問題に帰着しました．しかし，そうでない場合にも使える方法が以下に述べる**ラグランジュの未定乗数法**です．まずは，等式条件の下での極値を定義します．$\Gamma = \{ (x,y) \mid g(x,y) = 0 \}$ とします．

■ **定義 2・10・2** 点 $(a,b) \in \Gamma$ は

$$\exists \delta > 0 : \forall (x,y) \in U((a,b);\delta) \cap \Gamma \ f(a,b) \leq f(x,y)$$

となるとき，制約 $g(x,y) = 0$ の下での f の**極小点**であるといわれる．**極大点**も同様に定義される．

$g(x,y) = 0$ を満たす点 (x,y) は関数 g の高さゼロの等高線をつくりますから，この下での $f(x,y)$ の極値を与える点 (a,b) では f の高さ $f(a,b)$ の等高線と g の高さゼロの等高線が接していることが予想できます．等高線と勾配の §2・9 で書いたように，等高線と勾配は直交していますから，等高線が接していることは両者の勾配が平行である，つまり同じ向きかあるいは反対向きかのいずれかであることになります．上の例 2・10・1 の Γ を実線で，f の等高線を破線で描くと図 2・19 のようにな

ります.

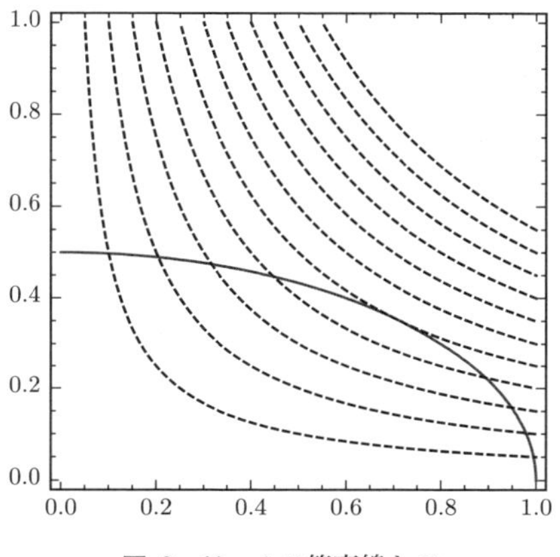

図 2・19 f の等高線と Γ

■ **定理 2・10・3** f と g を領域 D で定義された C^1–級関数とし，(a,b) が $g(x,y)=0$ の下で $f(x,y)$ の極値を与える点であるとする．このとき (a,b) が g の通常点なら

$$\nabla f(a,b)=\lambda\nabla g(a,b) \tag{2・21}$$

となる λ が存在する．

[証明] (a,b) が g の通常点であると仮定して，λ の存在を示します．このとき $g_x(a,b)$ か $g_y(a,b)$ のいずれかがゼロではありませんので，ここでは $g_y(a,b)\neq 0$ と仮定して話を進めますが，$g_x(a,b)\neq 0$ と仮定しても同じことです．

$g_y(a,b)\neq 0$ と仮定しましたから，陰関数定理 2・7・2 から (a,b) の近傍で $g(x,y)=0$ が y に関して解き出せます．つまり，$g(x,\varphi(x))=0$ となる C^1–級関数 φ が a の近傍で存在し，

$$\varphi'(a)=-\frac{g_x(a,b)}{g_y(a,b)}$$

が得られます．

一方，$y=\varphi(x)$ を $f(x,y)$ の y に代入して得られる関数 $f(x,\varphi(x))$ に対して a は極値を与えますから，$f(x,\varphi(x))$ の $x=a$ での x に関する微分係数はゼロとなりますので，$\varphi(a)=b$ を代入すれば

$$f_x(a,b)+f_y(a,b)\varphi'(a)=f_x(a,\varphi(a))+f_y(a,\varphi(a))\varphi'(a)=0$$

したがって

$$f_x(a,b)=-f_y(a,b)\varphi'(a)=f_y(a,b)\frac{g_x(a,b)}{g_y(a,b)}=\frac{f_y(a,b)}{g_y(a,b)}g_x(a,b)$$

が得られます．この式は $\lambda=f_y(a,b)/g_y(a,b)$ とすれば

$$f_x(a,b)=\lambda g_x(a,b)$$

ですし，λ の決め方から

$$f_y(a,b)=\lambda g_y(a,b)$$

ですから，定理が得られます． □

■ **例 2・10・4** 先の例題では $f(x,y)=xy$, $g(x,y)=x^2+4y^2-1$ です．$g_x(x,y)=g_y(x,y)=0$ を満たすには $x=y=0$ でなければなりません．この点は $g(x,y)=0$ を満たしませんので Γ には特異点がありません．したがって定理 2・10・3 から

$$y=f_x(x,y)=\lambda g_x(x,y)=2\lambda x$$
$$x=f_y(x,y)=\lambda g_y(x,y)=8\lambda y$$

を満たす λ が存在します．$y=2\lambda x$ を 2 番目の式に代入すると，$(1-16\lambda^2)x=0$ が得られます．この解として $\lambda=\pm 1/4$ と $x=0$ があります．$x=0$ のとき $x^2+4y^2=1$ より $y=\pm 1/2$ ですが，条件 $y\geq 0$ より $(x,y)=(0,1/2)$ が得られ，$f(0,1/2)=0$ となることを記憶しておきます．$x\neq 0$ の場合 $\lambda=\pm 1/4$ ですが，$\lambda=-1/4$ なら $y=2\lambda x$ を満たす x と y は同時に非負になれませんから，$\lambda=+1/4$ を考えると $y=x/2$ が得られます．この関係を $x^2+4y^2=1$ に代入すると $x=\pm\sqrt{2}/2$ ですが，$x\geq 0$ から $x=\sqrt{2}/2$ となり，$y=\sqrt{2}/4$ が得られます．このとき $f(x,y)=xy=1/4$ となり，面積は 1 となります．途中で得られた $(x,y)=(0,1/2)$ 以外に変数の非負条件を等号で満たす点が $(1,0)$ にあり，このときの関数 f の値 $f(1,0)=0$ を記憶しておきます．まとめると 3 つの候補点とそこでの f の値が

$$f(0,1/2)=0,\quad f(1,0)=0,\quad f(\sqrt{2}/2,\sqrt{2}/4)=1/4$$

と得られ，最大の面積を与える長方形の右上の角の座標は $(\sqrt{2}/2,\sqrt{2}/4)$ で，そのときの面積は 1 であることが得られました．

ラグランジュ関数を

$$L(x,y,\lambda)=f(x,y)+\lambda g(x,y)$$

と定義すると定理の条件 (2・21) は

$$L_x(a,b,\lambda)=0 \quad \wedge \quad L_y(a,b,\lambda)=0$$

と書くこともできます．λ につく符号が逆転していますが，定理の主張は λ の存在ですから，$-\lambda$ であっても構いません．また，(a,b) が等式制約 $g(x,y)=0$ を満たしていることは

$$L_\lambda(a,b,\lambda)=0$$

と書くこともできますので，極値を与える (a,b) の満たすべき条件は

$$\nabla L(a,b,\lambda)=\mathbf{0}$$

と 1 つにまとめることができます．

■ **例 2・10・5**　$g(x,y)=(x-1)^3-y^2=0$ を満たす点 (x,y) で原点に最も近い点，つまり関数 $f(x,y)=x^2+y^2$ を最小にする点を求める問題を考えます．図 2・20 に $g(x,y)=0$ を示しました．明らかに $(x,y)=(1,0)$ がその点で，$\nabla g(1,0)=(0,0)$ ですからこれは特異点です．一方 $\nabla f(1,0)=(2,0)$ ですから $\nabla f(1,0)=\lambda\nabla g(1,0)$ となる λ は存在しません．

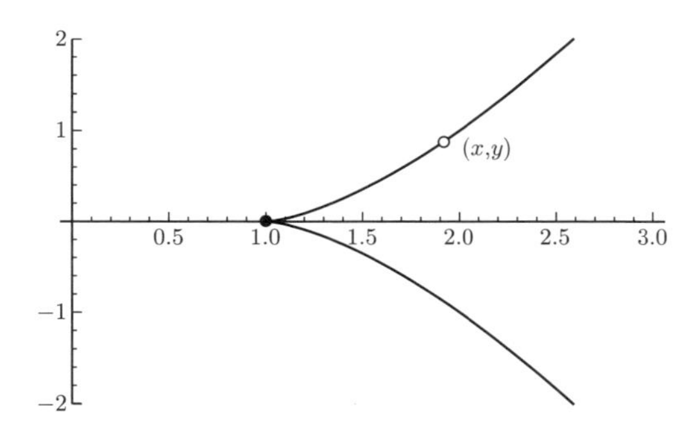

図 2・20　特異点ではないとの条件は必須

容易に類推できるように定理 2・10・3 の多変数版は次のようになります．

■ **定理 2・10・6**　f と g を開領域 $D\subseteq\mathbb{R}^n$ で定義された C^1–級関数とし，$\boldsymbol{a}$ が $g(\boldsymbol{x})=0$ の下で $f(\boldsymbol{x})$ の極値を与える点であるとする．このとき $\boldsymbol{a}$ が g の通常点なら

$$\nabla f(\boldsymbol{a})=\lambda\nabla g(\boldsymbol{a})$$

となる $\lambda\in\mathbb{R}$ が存在する．

■ **例 2・10・7**　$y=(1/2)x^2$ のグラフ上を移動する動点が点 $(4,1)$ に最も近づくときの動点の位置を求めます．これは条件 $g(x,y)=(1/2)x^2-y=0$ の下で $f(x,y)=(x-4)^2+(y-1)^2$ を最小化する問題

$$\text{最小化}\quad (x-4)^2+(y-1)^2$$
$$\text{条　件}\quad (1/2)x^2-y=0$$

ですから $y=(1/2)x^2$ を代入して，$(x-4)^2+((1/2)x^2-1)^2$ を x に関して最小化すればよいことになります．ラグランジュ未定乗数法を使うなら

$$L(x,y,\lambda)=(x-4)^2+(y-1)^2+\lambda\left(\frac{1}{2}x^2-y\right)$$

として，$L_x(x,y,\lambda)=L_y(x,y,\lambda)=L_\lambda(x,y,\lambda)=0$ を解きます．それぞれ $L_x(x,y,\lambda)=2(x-4)+\lambda x$，$L_y(x,y,\lambda)=2(y-1)-\lambda$，$L_\lambda(x,y,\lambda)=(1/2)x^2-y$ ですから，解くと $x^3=8$ が得られ，$x=2$ と $y=(1/2)x^2=2$ が求まります．

3

多変数関数の積分

微積分の基本定理 $\frac{d}{dx}\int_a^x f(t)dt = f(x)$ が示すように，1 変数の積分は微分の逆演算と捉えることも可能でした．しかし，多変数の場合にはこのような関係が成り立つとはいいにくいし[1)]，そもそも積分は面積や体積の計算法の流れの中で生まれてきた理論ですので，ここではやはりそういった方針で話を進めようと思います．初めに矩形で定義された関数の積分可能性を定義し，ダルブーの定理を示します．ついで一様連続性の概念を復習し，連続関数の積分可能性を示します．その後にリーマン和，一般の有界集合上での積分可能性，計算法としての累次積分を説明します．最後に広義積分と変数変換を扱います．

3・1　重積分の定義と性質

以降では $\mathbb{R}^2$ つまり平面上で定義された関数を対象とします．今後，E は $a<b$ と $c<d$ の決める一対の閉区間 $[a,b]$ と $[c,d]$ の直積

$$\begin{aligned} E &= [a,b]\times[c,d] \\ &= \{\,(x,y)\in\mathbb{R}^2 \mid a\leq x\leq b; c\leq y\leq d\} \end{aligned}$$

で定義される**矩形**とします．これは $\mathbb{R}^2$ の**閉区間**とよばれることもあります．E はコンパクト集合であることを記憶しておいてください．また，関数 $f\colon D\to\mathbb{R}$ の定義域 D は E を含んでおり，しかも広義積分の節までは一貫して E 上で有界である，つまり，

$$\exists M\in\mathbb{R} : \forall(x,y)\in E\ |f(x,y)|\leq M$$

と仮定します．以降，記号 M が単独で使われた場合は $|f|$ の E 上での上界を意味するものとします．E の 2 点 (x,y) と (x',y') での関数値の差は

1）後で系 3・5・8 を見てください．

$$|f(x,y)-f(x',y')| \leq |f(x,y)|+|f(x',y')| \leq 2M$$

となることを覚えておいてください．以降で用いる言葉や記号をまとめて定義しておきます．

■ **定義 3·1·1** a) 区間 $[a,b]$ の $a=x_0<x_1<x_2<\cdots<x_m=b$ を満たす点 $x_0, x_1, \ldots, x_m$ と，区間 $[c,d]$ の $c=y_0<y_1<y_2<\cdots<y_n=d$ を満たす点 $y_0, y_1, \ldots, y_n$ をそれぞれ x 軸と y 軸の**分点**という．

b) 小区間 $[x_{i-1}, x_i]$ と $[y_{j-1}, y_j]$ の直積を

$$\begin{aligned} E_{ij} &= [x_{i-1}, x_i] \times [y_{j-1}, y_j] \\ &= \{\, (x,y) \in E \mid x_{i-1} \leq x \leq x_i;\ y_{j-1} \leq y \leq y_j \,\} \end{aligned}$$

と表し，**小矩形**とよぶ．小矩形の集合 $\{\, E_{ij} \mid i=1,2,\ldots,m; j=1,2,\ldots,n \,\}$ を E の**分割**とよび，Δ で表す．

c) E_{ij} の対角線の長さ $d((x_{i-1}, y_{j-1}), (x_i, y_j))$ を $\rho(E_{ij})$ で表す．また，Δ の小矩形の対角線の長さの最大値を

$$\rho(\Delta)=\max\{\, \rho(E_{ij}) \mid i=1,\ldots,m; j=1,\ldots,n \,\}$$

と表す．

d) 矩形 E と小矩形 E_{ij} についてその面積を絶対値記号を流用して

$$|E|=(b-a)(d-c), \quad |E_{ij}|=(x_i-x_{i-1})(y_j-y_{j-1})$$

と表す．

e) 関数 f の E_{ij} 上での下限と上限をそれぞれ

$$m(f;E_{ij})=\inf_{(x,y)\in E_{ij}} f(x,y), \quad M(f;E_{ij})=\sup_{(x,y)\in E_{ij}} f(x,y)$$

と表す．また，f の E_{ij} 上の振幅を

$$\omega(f;E_{ij})=M(f;E_{ij})-m(f;E_{ij})$$

と表す．

小矩形 E_{ij} もコンパクトであること，関数が有界であるとの仮定から $|m(f;E_{ij})|$, $|M(f;E_{ij})| \leq M$ となること，さらに $\omega(f;E_{ij})=\sup\{\, |f(\boldsymbol{x})-f(\boldsymbol{y})| \mid \boldsymbol{x}, \boldsymbol{y} \in E_{ij} \,\} \leq 2M$ であることに注意してください．

■ **定義 3・1・2** 図 3・1 に示した関数 $m(f;E_{ij}), M(f;E_{ij}), \omega(f;E_{ij})$ それぞれと小矩形の面積 $|E_{ij}|$ の積の mn 個の小矩形達にわたる和を

$$s(f;\Delta)=\sum_{i=1}^{m}\sum_{j=1}^{n} m(f;E_{ij})|E_{ij}|$$

$$S(f;\Delta)=\sum_{i=1}^{m}\sum_{j=1}^{n} M(f;E_{ij})|E_{ij}|$$

$$\Omega(f;\Delta)=\sum_{i=1}^{m}\sum_{j=1}^{n} \omega(f;E_{ij})|E_{ij}|$$

と表す.

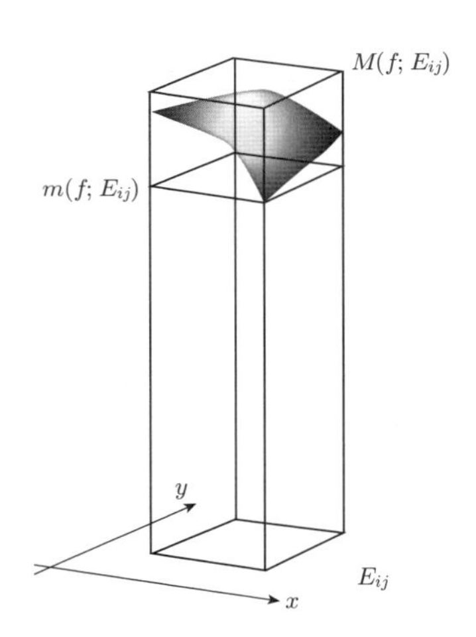

図 3・1 $m(f;E_{ij})$ と $M(f;E_{ij})$

以上の定義と $m(f;E_{ij})\leq M(f;E_{ij})$ であることから分割 Δ について

$$s(f;\Delta)\leq S(f;\Delta) \tag{3・1}$$

$$\Omega(f;\Delta)=S(f;\Delta)-s(f;\Delta)$$

が成り立ちます.

関数 f が E 上で非負の値をとっている場合, E を底面にもち上の面がそのグラフ $\{(x,y,z)\,|\,\exists(x,y)\in E: z=f(x,y)\}$ で与えられる立体の体積がきちんと定義できていると仮定して, それを V で表すと $s(f;\Delta)\leq V\leq S(f;\Delta)$ が成り立つと考え

られます．あらゆる分割 Δ を考えて $s(f;\Delta)$ の上限をとっても V を超えませんし，$S(f;\Delta)$ の下限も V を下回りません．そこで以下の下積分と上積分を定義します．

■ **定義 3·1·3**（下積分と上積分）　f の E 上の**下積分** $s(f)$ と**上積分** $S(f)$ を

$$s(f)=\sup\{\,s(f;\Delta)\,|\,\Delta \text{ は } E \text{ の小矩形への分割}\}$$

$$S(f)=\inf\{\,S(f;\Delta)\,|\,\Delta \text{ は } E \text{ の小矩形への分割}\}$$

と定義する．

次に細分を定義します．

■ **定義 3·1·4**（細分）　$\Delta=\{E_{ij}\}$ と $\Delta'=\{E'_{kl}\}$ を E の 2 つの分割とする．Δ をつくる x 軸の分点と y 軸の分点の一方あるいは両方に分点を追加して Δ' の分点が得られるとき Δ' を Δ の**細分**とよぶ．また，Δ'' が Δ と Δ' の両者の細分であるとき，これを Δ と Δ' の**共通細分**とよぶ．さらに Δ の分点と Δ' の分点を合わせて Δ'' の分点ができている場合，Δ'' を**最も粗い共通細分**とよぶ．

以上の細分の定義から次の補助定理が得られます．

■ **補助定理 3·1·5**　a)　Δ' が Δ の細分であれば，

$$s(f;\Delta)\le s(f;\Delta') \quad \text{と} \quad S(f;\Delta)\ge S(f;\Delta')$$

が成り立つ．

b)　任意の 2 つの分割 Δ と Δ' について

$$s(f;\Delta)\le S(f;\Delta')$$

が成り立つ．

[証明]　Δ で用いられた x 軸の分点を $x_0<x_1<\cdots<x_{k-1}<x_k<\cdots<x_m$ とし，x_{k-1} と x_k の間に新しい分点 t を追加して，細分 Δ' をつくった場合に a) を証明すれば十分です．各 $j=1,2,\ldots,n$ について小矩形 $E_{kj}=[x_{k-1},x_k]\times[y_{j-1},y_j]$ は $E'_{kj}=[x_{k-1},t]\times[y_{j-1},y_j]$ と $E''_{kj}=[t,x_k]\times[y_{j-1},y_j]$ に分割されます．このとき

$$m(f;E_{kj})\le m(f;E'_{kj}),\, m(f;E''_{kj})$$

$$M(f;E_{kj})\ge M(f;E'_{kj}),\, M(f;E''_{kj})$$

が成り立つことは明らかです．ですから，

$$
\begin{aligned}
s(f;\Delta) &= \sum_{i=1}^{m}\sum_{j=1}^{n} m(f;E_{ij})|E_{ij}| \\
&= \sum_{i\neq k}\sum_{j=1}^{n} m(f;E_{ij})|E_{ij}| + \sum_{j=1}^{n} m(f;E_{kj})|E_{kj}| \\
&= \sum_{i\neq k}\sum_{j=1}^{n} m(f;E_{ij})|E_{ij}| + \sum_{j=1}^{n} m(f;E_{kj})(|E'_{kj}|+|E''_{kj}|) \\
&\leq \sum_{i\neq k}\sum_{j=1}^{n} m(f;E_{ij})|E_{ij}| + \sum_{j=1}^{n} m(f;E'_{kj})|E'_{kj}| + \sum_{j=1}^{n} m(f;E''_{kj})|E''_{kj}| \\
&= s(f;\Delta')
\end{aligned}
$$

となります．上の不等号の前後の式で $m(f;E_{kj})$ が $m(f;E'_{kj})$ と $m(f;E''_{kj})$ に置き換えられていることに注意してください．不等式 $S(f;\Delta)\geq S(f;\Delta')$ についても同様に示せます．

次に任意の 2 つの分割 Δ と Δ' に対して両者の共通細分を Δ'' とすれば，今得られた結果と Δ'' について式 (3･1) が成り立つことから

$$
s(f;\Delta)\leq s(f;\Delta'')\leq S(f;\Delta'')\leq S(f;\Delta')
$$

が得られ，b) の証明も終わります． □

分点を追加して細分すれば，いくらでも細かい分割をつくることができます．上で示したように Δ' が Δ の細分であれば，$s(f;\Delta)\leq s(f;\Delta')$ と $S(f;\Delta)\geq S(f;\Delta')$ が成り立ちます．ですから，Δ_2 は Δ_1 の細分，Δ_3 は Δ_2 の細分というように直前の分割の細分になっているような分割の列 $\{\Delta_k\}_{k=1,2,\ldots}$ で $\rho(\Delta_k)\to 0$ となるような列に沿って $s(f;\Delta_k)$ の極限をとると下積分 $s(f)$ になること，同様に上積分 $S(f)$ も $S(f;\Delta_k)$ の極限になることが予想されます．この予想はダルブーの定理として知られており，後の定理 3･2･1 で示しますが，その前に $s(f)$ と $S(f)$ の間に成り立つ基本的な不等式をみておきます．

■ **補助定理 3･1･6**（下積分と上積分の不等式）

$$
s(f)\leq S(f)
$$

［証明］ 直前の補助定理 3･1･5 の b)

$$
\forall\Delta\,\forall\Delta'\ s(f;\Delta)\leq S(f;\Delta')
$$

の左辺の分割 Δ を 1 つ固定すると

$$\forall \Delta' \ s(f;\Delta) \leq S(f;\Delta')$$

ですから，

$$s(f;\Delta) \leq \inf_{\Delta'} S(f;\Delta') = S(f)$$

が成り立ちます．この関係式は初めに固定した Δ がどのような分割であっても成り立ちますから

$$\forall \Delta \ s(f;\Delta) \leq S(f)$$

です．よって

$$s(f) = \sup_{\Delta} s(f;\Delta) \leq S(f)$$

が得られます． □

関数 f の E 上での積分可能性は下積分と上積分が一致することで定義されます．

■ **定義 3·1·7**（積分可能性） $s(f) = S(f)$ のとき，関数 f は E 上で**積分可能**あるいは**可積分**であるという．また，この値を

$$I(f;E) \quad \text{または} \quad \iint_E f(x,y)\,dxdy \quad \text{または} \quad \iint_E f(x,y)\,d(x,y)$$

と書いて[1)]，f の E 上の**積分**とよぶ．

累次積分の §3·5 までは積分を表す記号としておもに $I(f;E)$ を使います．

■ **例 3·1·8** 有界であるが積分可能でない関数の例を 2 つ，ディリクレ関数の 2 次元版とその変種，を示しておきます．後の例は累次積分の節で再登場します．

a) $\mathbb{Q}$ で有理数を表し，$E = [0,1] \times [0,1]$ 上の 2 次元版**ディリクレ**[2)]**関数**を

$$f(x,y) = \begin{cases} 1 & (x \in \mathbb{Q} \wedge y \in \mathbb{Q}) \\ 0 & (x \notin \mathbb{Q} \vee y \notin \mathbb{Q}) \end{cases}$$

と定義すると，どのような分割でも $m(f;E_{ij}) = 0, M(f;E_{ij}) = 1$ となりますので，$s(f) = 0, S(f) = 1$ となって積分可能ではありません．x を無理数に固定するとどの y についても $f(x,y) = 0$ ですから，変数 y についての積分 $\int_0^1 f(x,y)\,dy = 0$ となります．また x を有理数に選ぶと $f(x,y)$ は変数 y につ

1）本書では $d(\cdot,\cdot)$ を距離を示すのに使いましたので，積分記号 $\iint_E f(x,y)\,d(x,y)$ はよい記号なのですが使わないことにします．$\iint_E f(x,y)\,dxdy$ と書くと $dxdy$ と $dydx$ は違うのかといった疑問がこの段階で出てきますので，あまり好ましい記号ではありませんが，最もよく用いられる記号ですので，本章の途中から使います．

2）Johann P.G.L. Dirichlet

いてディリクレ関数ですから $\int_0^1 f(x,y)\,dy$ は存在しません．

b) 上の例 a) から $f(x,y)=1$ となる点を間引きます．具体的には

$$f(x,y)=\begin{cases}1 & (\exists i,j,k\in\mathbb{N}:(x,y)=\left(\dfrac{2i-1}{2^k},\dfrac{2j-1}{2^k}\right))\\ 0 & (\text{その他の場合})\end{cases} \tag{3・2}$$

とします．このようにしても a) と同様に $m(f;E_{ij})=0, M(f;E_{ij})=1$ となり，積分可能ではありません．この例は後の累次積分のところで再登場しますが，x を固定したときの積分 $\int_0^1 f(x,y)\,dy$ がどうなるかを考えておくとよいでしょう．

定義 3・1・7 からすぐに次に積分可能性の必要十分条件が得られます．

■ **定理 3・1・9**（積分可能性の必要十分条件） f が E 上で積分可能である必要十分な条件は

$$\forall\varepsilon>0\ \exists\Delta: S(f;\Delta)-s(f;\Delta)<\varepsilon$$

である．

[証明] 上の条件が十分条件であることは以下のようにしてわかります．一般に任意の分割 Δ について $0\leq S(f)-s(f)\leq S(f;\Delta)-s(f;\Delta)$ ですから，条件を満たす分割があれば，任意の $\varepsilon>0$ について $0\leq S(f)-s(f)<\varepsilon$ が成り立ちますので，$S(f)-s(f)=0$ が得られます．

必要条件であることを示すために，$S(f)-s(f)=0$ の仮定の下で任意に $\varepsilon>0$ が与えられたとします．定義 $s(f)=\sup_\Delta s(f;\Delta)$, $S(f)=\inf_\Delta S(f;\Delta)$ から

$$\exists\Delta: s(f)\geq s(f;\Delta)>s(f)-\frac{\varepsilon}{2}$$
$$\exists\Delta': S(f)\leq S(f;\Delta')<S(f)+\frac{\varepsilon}{2}$$

がわかります．ここで Δ と Δ' の共通細分を Δ'' とすれば

$$\begin{aligned}S(f;\Delta'')-s(f;\Delta'')&\leq S(f;\Delta')-s(f;\Delta)<(S(f)+\frac{\varepsilon}{2})-(s(f)-\frac{\varepsilon}{2})\\&=S(f)-s(f)+\varepsilon=\varepsilon\end{aligned}$$

となりますから，Δ'' が条件を満たす分割だったことがわかります． □

$s(f;\Delta)$ と $S(f;\Delta)$ は関数 f の積分 $s(f)=I(f;E)=S(f)$ の近似ですから，この定理は，$S(f;\Delta)-s(f;\Delta)$ で表される近似精度をいくらでも小さくできるなら関数 f は積分可能であると述べています．つまり "近似せよ，されば与えられん" です．

次の定理の性質はいずれもその方針で示されます．

■ **定理 3・1・10**（積分の性質）　f と g を E 上で積分可能な関数，α, β を実数とする．

a）関数 $\alpha f + \beta g$ は E 上で積分可能で，

$$I(\alpha f + \beta g; E) = \alpha I(f; E) + \beta I(g; E)$$

となる．

b）任意の $(x,y) \in E$ で $f(x,y) \leq g(x,y)$ なら $I(f;E) \leq I(g;E)$ となる．

c）f の絶対値を与える関数 $|f|$ は E 上で積分可能で，$|I(f;E)| \leq I(|f|;E)$ となる[1]．

d）関数の積 $f \cdot g$ は E 上で積分可能である．

e）$\inf_{(x,y)\in E} |f(x,y)| > 0$ なら，関数 $1/f$ は E 上で積分可能である．

f）関数 f が e) の条件を満たせば，g/f は E 上で積分可能である．

［証明］　性質 a) を示すために，まず f が積分可能なら αf も積分可能であることを示します．$\alpha = 0$ なら自明ですから，$\alpha \neq 0$ と仮定します．α は正負いずれの可能性もあることに注意してください．f は積分可能ですから定理 3・1・9 によって任意の $\varepsilon > 0$ に対して $S(f;\Delta) - s(f;\Delta) < \varepsilon/|\alpha|$ となる E の分割 Δ があります．α の符号に注意すると[2] これから

$$S(\alpha f; \Delta) - s(\alpha f; \Delta) = |\alpha|(S(f;\Delta) - s(f;\Delta)) < \varepsilon$$

が得られて，定理 3・1・9 によって αf が積分可能であることがわかります．

次に等式 $I(\alpha f; E) = \alpha I(f; E)$ を示します．f は積分可能ですから $s(f) = I(f;E) = S(f)$ です．また，$\alpha \geq 0$ なら $s(\alpha f; E_{ij}) = \alpha s(f; E_{ij})$ が成り立ち，$\alpha < 0$ なら $s(\alpha f; E_{ij}) = \alpha S(f; E_{ij})$ が成り立つことに注意すると，$\alpha \geq 0$ の場合は $I(\alpha f; E) = s(\alpha f) = \alpha s(f) = \alpha I(f;E)$, $\alpha < 0$ の場合は $I(\alpha f; E) = s(\alpha f) = \alpha S(f) = \alpha I(f;E)$ となります．

f と g が積分可能ならその和 $f+g$ も積分可能であることは以下のように示すことができます．まず，それぞれの積分可能性から任意の $\varepsilon > 0$ に対して $S(f;\Delta) - s(f;\Delta) < \varepsilon/2$ となる分割 Δ と $S(g;\Delta') - s(g;\Delta') < \varepsilon/2$ となる分割 Δ' が存在します．両者の共通細分を Δ'' とすれば，補助定理 3・1・5 から $S(f;\Delta'') - s(f;\Delta'') \leq S(f;\Delta) - s(f;\Delta) < \varepsilon/2$ と $S(g;\Delta'') - s(g;\Delta'') \leq S(g;\Delta') - s(g;\Delta') < \varepsilon/2$ が得

1）この不等式は $\left|\iint_E f(x,y)dxdy\right| \leq \iint_E |f(x,y)|dxdy$ です．
2）$\alpha < 0$ なら $M(\alpha f; E_{ij}) = \alpha m(f; E_{ij})$ です．

られます．また

$$S(f+g;\Delta'')\leq S(f;\Delta'')+S(g;\Delta''),\quad s(f+g;\Delta'')\geq s(f;\Delta'')+s(g;\Delta'')$$

ですから，全部まとめると $S(f+g;\Delta'')-s(f+g;\Delta'')<\varepsilon$ が得られて，$f+g$ が積分可能であることがわかります．

次に $I(f+g;E)=I(f;E)+I(g;E)$ を示すために $S''=S(f;\Delta'')+S(g;\Delta'')$ と $s''=s(f;\Delta'')+s(g;\Delta'')$ と記号を約束します．そうすると

$$s''\leq s(f)+s(g)=I(f;E)+I(g;E)=S(f)+S(g)\leq S''$$
$$s''\leq s(f+g;\Delta'')\leq s(f+g)=I(f+g;E)=S(f+g)\leq S(f+g;\Delta'')\leq S''$$

がわかります．上式の中央の等号はいずれも積分可能性によります．よって

$$|I(f+g;E)-(I(f;E)+I(g;E))|\leq S''-s''<\varepsilon$$

が得られます．ε の任意性によって欲しい等式が得られます．以上の議論を合わせると性質 a) が示せます．

性質 b) の証明は簡単ですから省略して，性質 c) を示します．f が積分可能ですから任意の $\varepsilon>0$ に対して $S(f;\Delta)-s(f;\Delta)<\varepsilon$ となる分割 Δ が存在します．この分割の小矩形 E_{ij} の 2 点を (x,y) と (x',y') とします．一般に不等式 $|f(x,y)|-|f(x',y')|\leq|f(x,y)-f(x',y')|$ が成り立ちますので，$M(|f|;E_{ij})-m(|f|;E_{ij})=\sup\{\,|f(x,y)|-|f(x',y')|\,|\,(x,y),(x',y')\in E_{ij}\,\}$ と $M(f;E_{ij})-m(f;E_{ij})=\sup\{\,f(x,y)-f(x',y')\,|\,(x,y),(x',y')\in E_{ij}\,\}=\sup\{\,|f(x,y)-f(x',y')|\,|\,(x,y),(x',y')\in E_{ij}\,\}$ を思い出すと，この不等式から

$$M(|f|;E_{ij})-m(|f|;E_{ij})\leq M(f;E_{ij})-m(f;E_{ij})$$

が導けます．両辺に $|E_{ij}|$ を掛けて加え合わせれば $S(|f|;\Delta)-s(|f|;\Delta)\leq S(f;\Delta)-s(f;\Delta)<\varepsilon$ が得られて，$|f|$ の積分可能性が示されます．不等式 $|I(f;E)|\leq I(|f|;E)$ は性質 b) と不等式 $-|f(x,y)|\leq f(x,y)\leq|f(x,y)|$ から導けます．

性質 d) を示すために

$$M_f=\sup\{\,|f(x,y)|\,|\,(x,y)\in E\,\},\quad M_g=\sup\{\,|g(x,y)|\,|\,(x,y)\in E\,\}$$

とします．$M_f=0$ なら f は E 上で恒等的にゼロとなって性質 d) は明らかです．M_g についても同じ話ですから，M_f も M_g も正であると仮定します．f と g が積分可能ですから，任意の $\varepsilon>0$ に対して $S(f;\Delta)-s(f;\Delta)<\varepsilon/2M_g$ となる分割 Δ と $S(g;\Delta')-s(g;\Delta')<\varepsilon/2M_f$ となる分割 Δ' が存在します．両者の共通細分を Δ'' とすれば，

$$S(f;\Delta'')-s(f;\Delta'')<\frac{\varepsilon}{2M_g},\quad S(g;\Delta'')-s(g;\Delta'')<\frac{\varepsilon}{2M_f}$$

が成り立ちます．一方，分割 Δ'' を構成する小矩形 E_{ij} の 2 点 $(x,y),(x',y')$ について

$$\begin{aligned}
&|(fg)(x,y)-(fg)(x',y')|\\
&=|f(x,y)(g(x,y)-g(x',y'))+(f(x,y)-f(x',y'))g(x',y')|\\
&\leq|f(x,y)||g(x,y)-g(x',y')|+|f(x,y)-f(x',y')||g(x',y')|\\
&\leq M_f\bigl(M(g;E_{ij})-m(g;E_{ij})\bigr)+M_g\bigl(M(f;E_{ij})-m(f;E_{ij})\bigr)
\end{aligned}$$

ですから

$$\begin{aligned}
&M(fg;E_{ij})-m(fg;E_{ij})\\
&\leq M_f\bigl(M(g;E_{ij})-m(g;E_{ij})\bigr)+M_g\bigl(M(f;E_{ij})-m(f;E_{ij})\bigr)
\end{aligned}$$

が得られます．この両辺に $|E_{ij}|$ を掛けて加え合わせると

$$\begin{aligned}
&S(fg;\Delta'')-s(fg;\Delta'')\\
&\leq M_f\bigl(S(g;\Delta'')-s(g;\Delta'')\bigr)+M_g\bigl(S(f;\Delta'')-s(f;\Delta'')\bigr)\\
&<\frac{\varepsilon}{2}+\frac{\varepsilon}{2}=\varepsilon
\end{aligned}$$

が得られ，積 fg が積分可能であることが示せました．

性質 e) を示します．$\gamma=\inf_{(x,y)\in E}|f(x,y)|$ とします．f が積分可能ですからこの γ と任意の $\varepsilon>0$ に対して $S(f;\Delta)-s(f;\Delta)<\gamma^2\varepsilon$ となる分割 Δ が存在します．Δ の小矩形 E_{ij} の 2 点 (x,y) と (x',y') について

$$\begin{aligned}
\left|\frac{1}{f(x,y)}-\frac{1}{f(x',y')}\right|&=\frac{|f(x',y')-f(x,y)|}{|f(x,y)||f(x',y')|}\\
&\leq\frac{1}{\gamma^2}|f(x',y')-f(x,y)|\\
&\leq\frac{1}{\gamma^2}\bigl(M(f;E_{ij})-m(f;E_{ij})\bigr)
\end{aligned}$$

ですから

$$M(1/f;E_{ij})-m(1/f;E_{ij})\leq\frac{1}{\gamma^2}\bigl(M(f;E_{ij})-m(f;E_{ij})\bigr)$$

が得られます．これまでと同様にこの両辺に $|E_{ij}|$ を掛けて加え合わせると

$$S(1/f;\Delta)-s(1/f;\Delta)\leq\frac{1}{\gamma^2}\bigl(S(f;\Delta)-s(f;\Delta)\bigr)<\varepsilon$$

が得られて，$1/f$ が積分可能であることがわかります．

さて，最後に残った性質 f) は d) と e) を組合わせれば得られます． □

問題 3・1・11 $f(x,y)$ が 2 つの積分可能な 1 変数関数によって $f(x,y)=\varphi(x)+\psi(y)$ と定義されているとき

$$I(f;E)=(d-c)\int_a^b \varphi(x)\,dx+(b-a)\int_c^d \psi(y)\,dy$$

を示しなさい．

1 変数関数の積分では $c\in(a,b)$ に対して

$$\int_a^b f(x)dx=\int_a^c f(x)dx+\int_c^b f(x)dx$$

が成り立ちました．**積分領域の加法性**です．多変数関数でも同様のことがいえますので，次の定理では矩形 E を x 軸方向に 2 つの矩形に分割した場合を示しておきます．もちろん y 軸方向に分割しても同じことがいえますし，この定理を繰返し適用すればより複雑な分割についても積分の加法性が示せます．

■ **定理 3・1・12**（積分領域の加法性） 関数 f を $E=[a,b]\times[c,d]$ 上で積分可能とすると，任意の $t\in(a,b)$ について f は $E_1=[a,t]\times[c,d]$ と $E_2=[t,b]\times[c,d]$ 上で積分可能で，

$$I(f;E)=I(f;E_1)+I(f;E_2)$$

が成り立つ．

[証明] f は E 上で積分可能ですから，任意の $\varepsilon>0$ に対して $S(f;\Delta)-s(f;\Delta)<\varepsilon$ を満たす E の分割 Δ が存在します．Δ の分点を $a=x_0<x_1<\cdots<x_m=b$ と $c=y_0<y_1<\cdots<y_n=d$ とします．t が x 軸の分点の 1 つでない場合には，それを分点として追加した分割を Δ' とします．番号 k を $x_{k-1}<t<x_k$ を満たす番号と約束しておきます．t が初めから分点である場合には $\Delta'=\Delta$ とします．この場合 $t=x_k$ と番号 k を約束しておきます．いずれの場合にも Δ' は Δ の細分ですから $S(f;\Delta')-s(f;\Delta')<\varepsilon$ が成り立ちます．ここで $a=x_0<x_1<\cdots<x_{k-1}<t$ と $c=y_0<y_1<\cdots<y_n=d$ の決める E_1 の分割を Δ_1 とすると

$$S(f;\Delta_1)-s(f;\Delta_1)\le S(f;\Delta')-s(f;\Delta')<\varepsilon$$

が得られ，f が E_1 上で積分可能であることがわかります．同様に分点 $t\le x_k<\cdots<x_m=b$ と $c=y_0<y_1<\cdots<y_n=d$ の決める E_2 の分割 Δ_2 を考えれば E_2 上でも積分可能であることがわかります．

上記の $\Delta',\Delta_1,\Delta_2$ について

$$s(f;\Delta') \le I(f;E) \le S(f;\Delta') \tag{3·3}$$
$$s(f;\Delta_1) \le I(f;E_1) \le S(f;\Delta_1)$$
$$s(f;\Delta_2) \le I(f;E_2) \le S(f;\Delta_2)$$

です．また，$s(f;\Delta')=s(f;\Delta_1)+s(f;\Delta_2)$ と $S(f;\Delta')=S(f;\Delta_1)+S(f;\Delta_2)$ から

$$s(f;\Delta') \le I(f;E_1)+I(f;E_2) \le S(f;\Delta') \tag{3·4}$$

がわかります．Δ' の決め方から上式 (3·3) と (3·4) の両辺の差は ε 未満ですから $|(I(f;E_1)+I(f;E_2))-I(f;E)|<\varepsilon$ が得られ，さらに ε の任意性から $I(f;E)=I(f;E_1)+I(f;E_2)$ が結論されます．□

3・2 ダルブーの定理

補助定理 3·1·6 の直前に書いた予想は正しく，次の**ダルブー**[1]**の定理**が成り立ちます．これまで通り関数 $f: D \to \mathbb{R}$ は E 上で有界であると仮定しますが，ここでは積分可能性を仮定しません．

■ **定理 3·2·1**（ダルブーの定理）　任意の $\varepsilon>0$ に対して

$$\rho(\Delta)<\delta(\varepsilon) \Rightarrow s(f)-s(f;\Delta)<\varepsilon \wedge S(f;\Delta)-S(f)<\varepsilon \tag{3·5}$$

となる $\delta(\varepsilon)>0$ が存在する．

もちろん $s(f)-s(f;\Delta)$ も $S(f;\Delta)-S(f)$ も非負ですから式 (3·5) は $|s(f;\Delta)-s(f)|<\varepsilon \wedge |S(f;\Delta)-S(f)|<\varepsilon$ と同じことです．ではちょっと長い証明を始めましょう．

[証明]　関数 f は E 上で有界，つまり任意の $(x,y)\in E$ について $|f(x,y)|\le M$ となる M がありますから，任意の $(x,y),(x',y')\in E$ について

$$|f(x,y)-f(x',y')| \le |f(x,y)|+|f(x',y')| \le 2M \tag{3·6}$$

となることを思い出してください．

さて，式 (3·5) の証明は任意に $\varepsilon>0$ を与えることから始めます．この ε の半分 $\varepsilon/2$ に対して，$s(f)=\sup_\Delta s(f;\Delta)$ の定義から

$$s(f)-\frac{\varepsilon}{2} < s(f;\Delta') \le s(f) \tag{3·7}$$

となる Δ' が存在しますので，これを頼りに証明します．この分割 Δ' を $\{E'_{ij} \mid i=1,\cdots,m'; j=1,\cdots,n'\}$ と書いておきます．小矩形 E'_{ij} は $E'_{ij}=[x'_{i-1},x'_i]\times[y'_{j-1},y'_j]$

1) Jean G. Darboux

で与えられています．この分割で a より大きく b より小さい範囲を通過する縦の分割線は $m'-1$ 本，c より大きく d より小さい範囲を通過する横の分割線は $n'-1$ 本であることに注意しておいてください．図 3･2 を見てください．

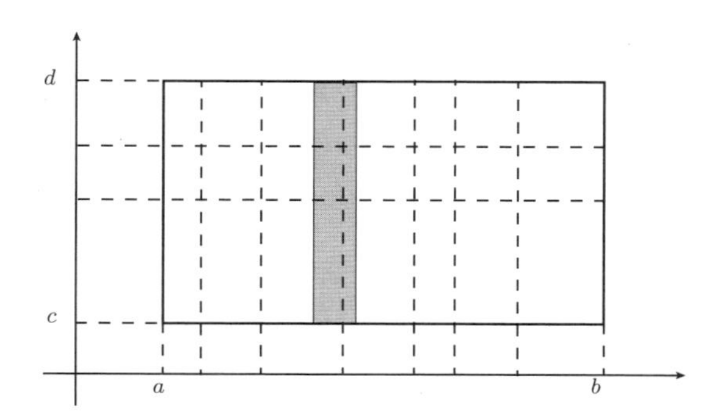

図 3・2 Δ' の分割線（破線）と交わる Δ の小矩形

ここで天下り的ですが

$$\delta = \min\left\{ \rho(\Delta'),\ \frac{\varepsilon}{4M((m'-1)(d-c)+(n'-1)(b-a))} \right\} \tag{3･8}$$

と定義して，この δ に対して $\rho(\Delta)<\delta$ を満たす任意の分割 Δ が

$$|s(f;\Delta)-s(f)|<\varepsilon$$

を満たすことを示しましょう．

そこで Δ を $\rho(\Delta)<\delta$ なる任意の分割とし，それを $\{E_{ij} \mid i=1,\ldots,m; j=1,\ldots,n\}$ と表します．それぞれの小矩形 E_{ij} は $E_{ij}=[x_{i-1},x_i]\times[y_{j-1},y_j]$ です．この Δ と上の Δ' を直接比較することができないので，両者の最も粗い共通細分を仲介にします．それを $\Delta''=\{E''_{kl} \mid k=1,\ldots,m''; l=1,\ldots,n''\}$ で表しましょう．補助定理 3･1･5 より，

$$s(f;\Delta)\leq s(f;\Delta''),\quad s(f;\Delta')\leq s(f;\Delta'') \tag{3･9}$$

です．

Δ の小矩形 E_{ij} で Δ' の縦の分割線 $x=x'_k$ が横切っている小矩形の面積の総和は $(d-c)\delta$ 未満です．図 3･2 に灰色の縦に長い長方形で示しました．よって，$m'-1$ 本の縦の分割線が横切っている Δ の小矩形の面積の総和は $(m'-1)(d-c)\delta$ 未満です．同様に $n'-1$ 本の横の分割線のどれかが横切っている Δ の小矩形の面積の総和は $(n'-1)(b-a)\delta$ 未満ですので，Δ' の分割線が横切っている Δ の小矩形の面積の総和は両者の和 $((m'-1)(d-c)+(n'-1)(b-a))\delta$ 未満となります．ここで δ の決

め方 (3·8) から

$$((m'-1)(d-c)+(n'-1)(b-a))\delta \le \frac{\varepsilon}{4M} \tag{3·10}$$

であることを記憶しておいてください．

次に $s(f;\Delta'')$ と $s(f;\Delta)$ の違いを評価しましょう．Δ' の分割線が横切っていない Δ の小矩形は，そのまま共通細分 Δ'' を構成する小矩形となりますので $s(f;\Delta'')-s(f;\Delta)$ の評価でこれらは打消し合います．$\sum_{E_{ij}:\Delta'}$ で Δ' の分割線が横切っている E_{ij} すべてにわたる総和を表すことにすると次の式が得られます．ここで，初めの不等式は式 (3·6) によります．

$$\begin{aligned}
s(f;\Delta'')-s(f;\Delta) &= \sum_{E_{ij}:\Delta'}\left(\sum_{E''_{kl}\subseteq E_{ij}} m(f;E''_{kl})|E''_{kl}|\right)-\sum_{E_{ij}:\Delta'} m(f;E_{ij})|E_{ij}| \\
&\le \sum_{E_{ij}:\Delta'}\left(\sum_{E''_{kl}\subseteq E_{ij}} (m(f;E_{ij})+2M)|E''_{kl}|\right) \\
&\qquad\qquad -\sum_{E_{ij}:\Delta'} m(f;E_{ij})|E_{ij}| \\
&= \sum_{E_{ij}:\Delta'}\left(\sum_{E''_{kl}\subseteq E_{ij}} m(f;E_{ij})|E''_{kl}|\right) \\
&\quad + \sum_{E_{ij}:\Delta'}\left(\sum_{E''_{kl}\subseteq E_{ij}} 2M|E''_{kl}|\right)-\sum_{E_{ij}:\Delta'} m(f;E_{ij})|E_{ij}| \\
&= \sum_{E_{ij}:\Delta'}\left(\sum_{E''_{kl}\subseteq E_{ij}} 2M|E''_{kl}|\right)=2M\sum_{E_{ij}:\Delta'}|E_{ij}| \qquad (3·11)
\end{aligned}$$

式 (3·10) と式 (3·11) より

$$\begin{aligned}
s(f;\Delta'')-s(f;\Delta) &\le 2M\sum_{E_{ij}:\Delta'}|E_{ij}| \\
&< 2M((m'-1)(d-c)+(n'-1)(b-a))\delta \le \frac{\varepsilon}{2} \qquad (3·12)
\end{aligned}$$

がわかります．式 (3·7), (3·9), (3·12) の 3 式より

$$s(f;\Delta)+\varepsilon > s(f;\Delta'')+\frac{\varepsilon}{2} \ge s(f;\Delta')+\frac{\varepsilon}{2} > s(f)$$

が得られて，これで s について欲しい不等式が得られました．S についての証明も同じようにできますので，定理の $\delta(\varepsilon)$ の存在が示せます． □

下積分 $s(f)$ は $s(f;\Delta)$ の上限，上積分 $S(f)$ は $S(f;\Delta)$ の下限であるだけでなく，

E をどんどん細かく分割すれば $s(f;\Delta)$ は $s(f)$ に，$S(f;\Delta)$ は $S(f)$ に収束することをダルブーの定理は示しています．その意味で定理の主張は

$$s(f)=\lim_{\rho(\Delta)\to 0} s(f;\Delta), \qquad S(f)=\lim_{\rho(\Delta)\to 0} S(f;\Delta)$$

と書かれることもあります．

補助定理 3・1・5 でみたように分割 Δ とその細分 Δ' について不等式

$$S(f;\Delta')-s(f;\Delta')\leq S(f;\Delta)-s(f;\Delta)$$

が成り立ちますが，$\rho(\Delta')\leq\rho(\Delta)$ であっても Δ' が Δ の細分でなければ，この不等式が成り立つとは限らないことに注意しておいてください．さらに細分を繰返して分割の列 $\{\Delta_k\}_{k=1,2,\ldots}$ をつくっても $\rho(\Delta_k)\underset{k\to\infty}{\longrightarrow}0$ とならなければ必ずしも $\lim_{k\to\infty}S(f;\Delta_k)-s(f;\Delta_k)=0$ となるとも限りません[1)]．

ダルブーの定理 3・2・1 から積分可能性の必要十分な条件として次の系が得られます．この系と定理 3・1・9 との違いをみておきましょう．定理 3・1・9 では，f が積分可能である必要十分な条件は，うまく分割 Δ をつくって $S(f;\Delta)-s(f;\Delta)$ を小さくできることだと述べていますが，その分割のつくり方の指針が与えられていません．一方次の系は，その分割は $\rho(\Delta)$ を小さくすれば得られるのだと述べています．まあ予想通りというところです．

■ **系 3・2・2**（積分可能性の必要十分条件） 関数 $f\colon D\to\mathbb{R}$ が E 上で積分可能である必要十分条件は

$$\forall\varepsilon>0\,\exists\delta(\varepsilon)>0:\rho(\Delta)<\delta(\varepsilon)\Rightarrow S(f;\Delta)-s(f;\Delta)<\varepsilon \tag{3・13}$$

が成り立つことである．

[証明] $\delta>0$ に対して $\rho(\Delta)<\delta$ を満たす分割はいつでも構成できます．たとえば $m>d((a,c),(b,d))/\delta$ なる自然数 m をとって，x と y の両軸を m 等分すればよろしい．したがって条件 (3・13) が積分可能性の十分条件であることは定理 3・1・9 からただちにわかります．

次に $s(f)=I(f;E)=S(f)$ を仮定して条件 (3・13) の必要性を示すことにします．条件中の任意に与えられた ε の半分 $\varepsilon/2$ に対してダルブーの定理 3・2・1 を使うと

---

1) $\lim_{\rho(\Delta)\to 0}$ で表した極限は**フィルター**の収束とよばれているものの 1 つです．一松 信，“多変数の微分積分学”，現代数学社（2011）の第 5 講を参照してください．フィルターや有向点列，またその収束については，F. Reinhardt, H. Soeder; 浪川幸彦他訳，“カラー図解 数学事典”，共立出版（2012）や河野伊三郎，“復刊 位相空間論”，共立出版（2009）の第 4 章を見てください．

$$\rho(\Delta)<\delta(\varepsilon) \Rightarrow |s(f;\Delta)-s(f)|<\varepsilon/2 \wedge |S(f;\Delta)-S(f)|<\varepsilon/2$$

なる $\delta(\varepsilon)>0$ が存在します．$s(f)=I(f;E)=S(f)$ ですから

$$S(f;\Delta)-s(f;\Delta)=S(f;\Delta)-S(f)+s(f)-s(f;\Delta)<\varepsilon/2+\varepsilon/2=\varepsilon$$

となり，この $\delta(\varepsilon)$ が系の条件を満たすことがわかります．□

また $\Omega(f;\Delta)=S(f;\Delta)-s(f;\Delta)$ でしたから式 (3･13) は

$$\forall\varepsilon>0\,\exists\delta(\varepsilon)>0:\rho(\Delta)<\delta(\varepsilon)\Rightarrow\Omega(f;\Delta)<\varepsilon \tag{3･14}$$

といい換えることもできます．さらに $\lim_{\rho(\Delta)\to 0}$ を使えば

$$\lim_{\rho(\Delta)\to 0}(S(f;\Delta)-s(f;\Delta))=\lim_{\rho(\Delta)\to 0}\Omega(f;\Delta)=0$$

と書くこともできます．

3・3　連続関数と単調関数の積分可能性

まず多変数関数の連続性の定義 1･4･2 と一様連続性の定義 1･4･13 をその表現をそろえて再録しておきます．

■ **定義 3･3･1**（連続性と一様連続性）

a)　関数 $f: D\to\mathbb{R}$ が $\boldsymbol{a}\in D$ で連続である．$\rightleftharpoons$

$$\forall\varepsilon>0\,\exists\delta(\boldsymbol{a},\varepsilon)>0:\boldsymbol{x}\in D\wedge d(\boldsymbol{x},\boldsymbol{a})<\delta(\boldsymbol{a},\varepsilon)\Rightarrow|f(\boldsymbol{x})-f(\boldsymbol{a})|<\varepsilon$$

b)　関数 $f: D\to\mathbb{R}$ が $A\subseteq D$ 上で一様連続である．$\rightleftharpoons$

$$\forall\varepsilon>0\,\exists\delta(\varepsilon)>0:\boldsymbol{x},\boldsymbol{y}\in A\wedge d(\boldsymbol{x},\boldsymbol{y})<\delta(\varepsilon)\Rightarrow|f(\boldsymbol{x})-f(\boldsymbol{y})|<\varepsilon$$

連続性の定義の $\delta(\boldsymbol{a},\varepsilon)$ は，与えられた ε と注目している点 $\boldsymbol{a}$ によって異なってもよい値でした．A 上の一様連続性とはこの $\delta(\boldsymbol{a},\varepsilon)$ が点 $\boldsymbol{a}$ に依存することなくとれるという性質です．

定理 1･4･11 や定理 1･4･16 で示したようにコンパクト性と連続性を組合わせると以下の定理が得られます．

■ **定理 3･3･2**　$f: D\to\mathbb{R}$ を D のコンパクト部分集合 A 上で連続な関数とする．

a)　f は A 上で一様連続である．

b)　f は A 上で最大値と最小値をもつ．

どのような関数が積分可能となるかは興味のあるところです．そのための十分条

件の１つとして連続性があります．次の定理ではコンパクト集合 E 上の連続関数が一様連続となることが働いています．

■ **定理 3・3・3**（連続関数の積分可能性） E 上の連続関数は E 上で積分可能である．

[証明] f を E 上の連続関数としましょう．定理 3・3・2 より，f は E 上で一様連続です．まず任意に $\varepsilon>0$ を１つ与えます．一様連続性から，この $\varepsilon>0$ に対して $d((x,y),(x',y'))<\delta(\varepsilon)$ となる E の２点 $(x,y),(x',y')$ が必ず $|f(x,y)-f(x',y')|<\varepsilon/|E|$ を満たすような，そんな $\delta(\varepsilon)>0$ があります．この $\delta(\varepsilon)$ に対して $\rho(\Delta)<\delta(\varepsilon)$ であるような E の分割 Δ をつくり，x 軸方向と y 軸方向の分割の個数を m と n としておきます．この分割を構成する小矩形 E_{ij} それぞれはコンパクトですので，定理 3・3・2 から，その上で関数 f は最大値と最小値をもちます．つまり，E_{ij} の点 (x_{ij},y_{ij}) と (x'_{ij},y'_{ij}) で

$$f(x_{ij},y_{ij})=m(f;E_{ij}),\quad f(x'_{ij},y'_{ij})=M(f;E_{ij})$$

となるものが存在します．Δ のつくり方から $d((x_{ij},y_{ij}),(x'_{ij},y'_{ij}))\leq\rho(E_{ij})\leq\rho(\Delta)<\delta(\varepsilon)$ なので，$\delta(\varepsilon)$ の決め方から $0\leq f(x'_{ij},y'_{ij})-f(x_{ij},y_{ij})<\varepsilon/|E|$ が成り立っています．したがって

$$0\leq S(f;\Delta)-s(f;\Delta)=\sum_{i=1}^{m}\sum_{j=1}^{n}(f(x'_{ij},y'_{ij})-f(x_{ij},y_{ij}))|E_{ij}|$$

$$<\sum_{i=1}^{m}\sum_{j=1}^{n}\frac{\varepsilon}{|E|}|E_{ij}|=\frac{\varepsilon}{|E|}\sum_{i=1}^{m}\sum_{j=1}^{n}|E_{ij}|=\frac{\varepsilon}{|E|}|E|=\varepsilon$$

が得られます．したがって定理 3・1・9 から f の積分可能性が証明されました． □

１変数関数の場合，関数が不連続である点の集合がある意味で無視できるくらいの大きさしかもたない場合には積分可能でした．２変数関数でも同じことがいえます．そのために零集合を定義します．

■ **定義 3・3・4**（零集合） E の部分集合 A が**零集合**であるとは，任意の $\varepsilon>0$ に対して

$$A\subseteq\bigcup_{k=1}^{K}B_k\quad\wedge\quad\sum_{k=1}^{K}|B_k|<\varepsilon \tag{3・15}$$

となる有限個の矩形 $\{\,B_k\,|\,k=1,2,\ldots,K\,\}$ が存在することをいう．ここで $|B_k|$ は B_k の面積である．

有限集合は当然零集合ですが，逆は正しくないことを次の例でみましょう．

■ **例 3·3·5** $A=\{(x,y)\mid\exists i,j\in\mathbb{N}:(x,y)=(1/i,1/j)\}$ とします．任意の $\varepsilon>0$ に対して面積が $\varepsilon/2$ 未満の原点を中心とする矩形を B_1 としますと，有限個の点を除いて A の点はこの矩形に含まれます．残った有限個（K 個とします）の点をその面積の総和が $\varepsilon/2$ 未満である矩形達 $B_2,\dots,B_{K+1}$ で覆えることは明らかですから，集合 A は零集合であることがわかります．

零集合 A を覆う各矩形 $B_k=[a_k,b_k]\times[c_k,d_k]$ について，a_k,b_k をすべて集めて x 軸の分点とし，c_k,d_k をすべて集めて y 軸の分点としてできあがる E の分割を $\{E_{ij}\}$ とします．そうすると零集合 A は有限個の小矩形 E_{ij} で覆われ，しかもその小矩形の面積の総和はもとの矩形 B_k の面積の総和を超えません．ですから A が零集合であるとは，任意の $\varepsilon>0$ に対して E の小矩形への分割をうまくつくると A を覆う小矩形の面積の総和を ε 未満にできることだといい換えることができます．次の定理の証明でこれと同じ議論が繰返されます．

■ **定理 3·3·6**（零集合上で不連続な関数の積分可能性） 有界関数 $f:E\to\mathbb{R}$ の不連続点の集合が零集合なら，f は E 上で積分可能である．

［証明］ 任意に $\varepsilon>0$ が与えられたとします．f の不連続点の集合は零集合であると仮定していますから，式 (3·15) から $\sum_{k=1}^{K}|B_k|<\varepsilon/8M$ を満たす有限個の矩形達 $\{B_k=[a_k,b_k]\times[c_k,d_k]\mid k=1,2,\dots,K\}$ が存在します．ここで $M=\sup_{(x,y)\in E}|f(x,y)|$ です．この矩形 B_k それぞれを少し大きな開矩形 $C_k=(a'_k,b'_k)\times(c'_k,d'_k)$ で覆えば $\sum_{k=1}^{K}|C_k|<\varepsilon/4M$ とできます[1)]（図 3·3）．ここで $a'_k<a_k<b_k<b'_k$, $c'_k<c_k<d_k<d'_k$ で，$|C_k|$ は C_k の面積 $(b'_k-a'_k)(d'_k-c'_k)$ です．しかもその和集合 $C=\bigcup_{k=1}^{K}C_k$ は開集合ですから $E\setminus C$ は閉集合，よってコンパクト集合です．$E\setminus C$ 上で f は連続ですから一様連続，よって初めに与えられた ε に対して $\delta>0$ が存在して $E\setminus C$ 上で $d((x,y),(x',y'))<\delta$ なら $|f(x,y)-f(x',y')|<\varepsilon/2|E|$ が成り立ちます．そこで，すべての C_k の 4 辺を延長して図 3·3 のように E の分割をつくります．つまり，$a'_k,b'_k\ (k=1,2,\dots,K)$ を x 軸の分点，$c'_k,d'_k\ (k=1,2,\dots,K)$ を y 軸の分点にもつ分割です．これにさらに $\rho(\Delta)<\delta$ となるまで細分して分割 $\Delta=\{E_{ij}\}$ をつくります．$S(f;\Delta)-s(f;\Delta)$ を評価すると

1) γ を $0<\gamma<\min\{\min\{b_k-a_k,d_k-c_k\}/6\mid k=1,2,\dots,K\}$ として B_k を幅 γ だけ膨らませて C_k とすればよろしい．

$$
\begin{aligned}
S(f;\Delta)-s(f;\Delta) &= \sum_{i=1}^{m}\sum_{j=1}^{n}(M(f;E_{ij})-m(f;E_{ij}))|E_{ij}| \\
&= \sum_{E_{ij}\subseteq E\setminus C}(M(f;E_{ij})-m(f;E_{ij}))|E_{ij}| \\
&\quad + \sum_{E_{ij}\not\subseteq E\setminus C}(M(f;E_{ij})-m(f;E_{ij}))|E_{ij}| \\
&< \frac{\varepsilon}{2|E|}\sum_{E_{ij}\subseteq E\setminus C}|E_{ij}| + 2M\sum_{E_{ij}\not\subseteq E\setminus C}|E_{ij}| \\
&\le \frac{\varepsilon}{2} + 2M\sum_{E_{ij}\not\subseteq E\setminus C}|E_{ij}|
\end{aligned}
$$

となります．C が開集合であることと分割 Δ が a_k', b_k', c_k', d_k' に分点を付け加えてつくったことから，$E_{ij}\not\subseteq E\setminus C$ なら E_{ij} は C の閉包に含まれます．よって

$$
\le \frac{\varepsilon}{2} + 2M\sum_{k=1}^{K}|C_k| < \frac{\varepsilon}{2} + \frac{\varepsilon}{2} = \varepsilon
$$

となります．これで定理 3·1·9 から f の積分可能性が示されました． □

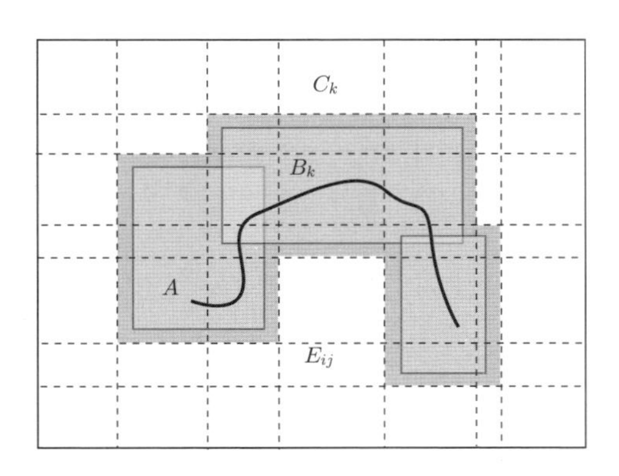

図 3・3 不連続点 A を覆う矩形 B_k とそれを覆う開矩形 C_k

■ **補助定理 3·3·7** A を E の零集合とする．

a) $E\setminus A$ 上でゼロである E 上の有界関数 f は E 上で積分可能で，$I(f;E)=0$ となる．

b) E 上で積分可能な関数 f, g が A 以外の点で等しいなら，$I(f;E)=I(g;E)$ である．

[証明] まず a) を示します．任意に $\varepsilon>0$ を与えると，$A\subseteq\bigcup_{k=1}^{K}B_k$ であり $\sum_{k=1}^{K}|B_k|<\varepsilon/4M$ なる有限個の矩形がとれます．各矩形 B_k を少し膨らませて $A\subseteq\bigcup_{k=1}^{K}\operatorname{int}C_k$ で，$\sum_{k=1}^{K}|C_k|<\varepsilon/2M$ となる矩形達 C_k をつくることができます．前の定理の証明と同様にしてこの矩形達の 4 辺を延長して分割 Δ を構成します．$C=\bigcup_{k=1}^{K}C_k$ を書くことにすると

$$
\begin{aligned}
S(f;\Delta)&=\sum_{i=1}^{m}\sum_{j=1}^{n}M(f;E_{ij})|E_{ij}|\\
&=\sum_{E_{ij}\subseteq E\setminus C}M(f;E_{ij})|E_{ij}|+\sum_{E_{ij}\not\subseteq E\setminus C}M(f;E_{ij})|E_{ij}|\\
&<M\sum_{E_{ij}\not\subseteq E\setminus C}|E_{ij}|\leq M\sum_{k=1}^{K}|C_k|<\frac{\varepsilon}{2}
\end{aligned}
$$

が得られます．同様にして $-\varepsilon/2<s(f;\Delta)$ も示せますので，両者から $S(f;\Delta)-s(f;\Delta)<\varepsilon$ が得られて f の積分可能性がわかります．さらに $-\varepsilon/2<s(f;\Delta)\leq I(f;E)\leq S(f;\Delta)<\varepsilon/2$ ですから $I(f;E)=0$ もわかります．

b) は $I(f;E)-I(g;E)=I(f-g;E)$ であり，$f-g$ が a) の条件を満たしていることから得られます．

□

1 変数関数の場合には連続関数に加えて単調関数が積分可能でしたが，次の定理の条件の意味で単調な多変数関数も積分可能です．

■ **定理 3·3·8**（単調関数の積分可能性） 関数 f が E 上で以下の性質をもつなら E 上で積分可能である．

a) 各 $x\in[a,b]$ について $f(x,y)$ は y の関数として $[c,d]$ で単調である．

b) 各 $y\in[c,d]$ について $f(x,y)$ は x の関数として $[a,b]$ で単調である．

[証明] 条件 a),b) の "単調である" が単調非減少である場合に証明を与えておきます．2 条件とも単調非増加の場合，あるいは一方が単調非減少で他方が単調非増加の場合も同様に証明できます．

単調非減少性から小矩形 $E_{ij}=[x_{i-1},x_i]\times[y_{j-1},y_j]$ に対して

$$m(f;E_{ij})=f(x_{i-1},y_{j-1}),\quad M(f;E_{ij})=f(x_i,y_j)$$

ですから

$$
\begin{aligned}
S(f;\Delta)-s(f;\Delta) &= \sum_{i=1}^{m}\sum_{j=1}^{n} M(f;E_{ij})|E_{ij}| - \sum_{i=1}^{m}\sum_{j=1}^{n} m(f;E_{ij})|E_{ij}| \\
&= \sum_{i=1}^{m}\sum_{j=1}^{n} f(x_i,y_j)|E_{ij}| - \sum_{i=1}^{m}\sum_{j=1}^{n} f(x_{i-1},y_{j-1})|E_{ij}| \\
&= \sum_{i=1}^{m}\sum_{j=1}^{n} \bigl(f(x_i,y_j)-f(x_{i-1},y_{j-1})\bigr)|E_{ij}|
\end{aligned}
$$

です．ここで Δ として両軸を m 等分して得られる分割を考えると $|E_{ij}|=(b-a)/m \times (d-c)/m=(b-a)(d-c)/m^2=|E|/m^2$ となりますので

$$
S(f;\Delta)-s(f;\Delta)=\frac{|E|}{m^2}\sum_{i=1}^{m}\sum_{j=1}^{m}\bigl(f(x_i,y_j)-f(x_{i-1},y_{j-1})\bigr)
$$

となります．図 3･4 に分割 Δ を描き，(x_i,y_j) と (x_{i-1},y_{j-1}) を斜めの線分で結び，上式で f に付けられた符号を + は ○ で，− は ● で表しています．ですからこの 2

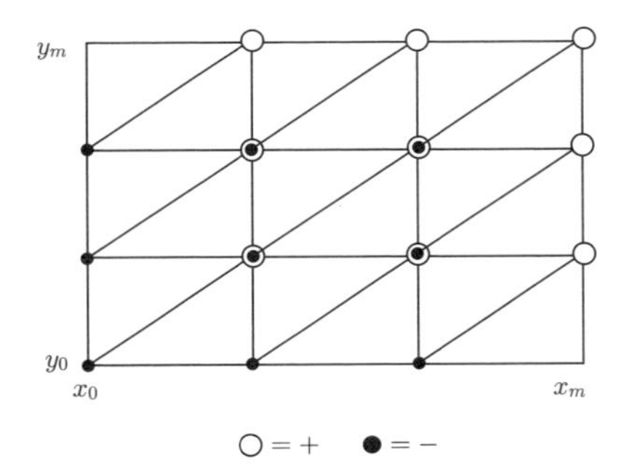

図 3・4　$S(f;\Delta)-s(f;\Delta)$ に現れる二重総和

つの印が重なっている箇所は上式で打消されています．よって上式右辺の二重総和をまとめ直すと

$$
\begin{aligned}
&\sum_{i=1}^{m}\sum_{j=1}^{m}\bigl(f(x_i,y_j)-f(x_{i-1},y_{j-1})\bigr) \\
&\quad = \bigl(f(x_m,y_m)-f(x_0,y_0)\bigr) \\
&\qquad + \sum_{i=1}^{m-1}\bigl(f(x_i,y_m)-f(x_i,y_0)\bigr) + \sum_{j=1}^{m-1}\bigl(f(x_m,y_j)-f(x_0,y_j)\bigr)
\end{aligned}
$$

となりますが，この右辺は $1+(m-1)+(m-1)=2m-1$ 個の項があり，そのどの項も単調性の仮定から $\omega(f;E)=f(b,d)-f(a,c)$ を超えません．したがって

$$S(f;\Delta)-s(f;\Delta)\leq\frac{2m-1}{m^2}|E|\omega(f;E)$$

となります．任意に与えられた $\varepsilon>0$ に対して $m>2|E|\omega(f;E)/\varepsilon$ なる m で両軸を等分した分割 Δ をつくれば $S(f;\Delta)-s(f;\Delta)<\varepsilon$ とできます．よって定理 3･1･9 から積分可能であることが示せました． □

3･4 リーマン和

E の分割 $\Delta=\{E_{ij}\,|\,i=1,\ldots,m;j=1,\ldots,n\}$ の個々の小矩形 $E_{ij}=[x_{i-1},x_i]\times[y_{j-1},y_j]$ から点 $\boldsymbol{p}_{ij}=(p_{ij},q_{ij})$ を選んで，$f(\boldsymbol{p}_{ij})|E_{ij}|$ を加え合わせた

$$R(f;\Delta,\{\boldsymbol{p}_{ij}\}_{i=1,\ldots,m;j=1,\ldots,n})=\sum_{i=1}^{m}\sum_{j=1}^{n}f(\boldsymbol{p}_{ij})|E_{ij}|$$

を**リーマン**[1)]**和**とよびます．点 $\boldsymbol{p}_{ij}$ は小矩形 E_{ij} の**代表点**とよばれますが，煩雑ですので以降では $\{\boldsymbol{p}_{ij}\}_{i=1,\ldots,m;j=1,\ldots,n}$ をまとめて P と書くことにします．$s(f;\Delta)$ と $S(f;\Delta)$ の定義から，代表点 P の選び方に関わらず

$$s(f;\Delta)\leq R(f;\Delta,P)\leq S(f;\Delta)$$

は明らかです．

定理 3･2･1 あるいはその系 3･2･2 を用いるとリーマン和と積分の関係が得られます．

■ **定理 3･4･1** f を E 上の積分可能関数とすると

$$\forall\varepsilon>0\,\exists\delta(\varepsilon)>0:\rho(\Delta)<\delta(\varepsilon)\Rightarrow\forall P\ |R(f;\Delta,P)-I(f;E)|<\varepsilon$$

が成り立つ．

この定理も，

$$\lim_{\rho(\Delta)\to 0}R(f;\Delta,P)=I(f;E)$$

と書くこともできます．ここで $\rho(\Delta)\to 0$ の部分は，$\rho(\Delta)$ さえゼロに収束していれば分割 Δ のつくり方にも代表点 P のとり方にもよらないとよみます．

[証明] f が積分可能ですから $s(f)=I(f;E)=S(f)$ です．また P のとり方に関わらず $s(f;\Delta)\leq R(f;\Delta,P)\leq S(f;\Delta)$ ですから

---

1) Bernhard Riemann

$$\begin{aligned}s(f;\Delta)-s(f) &\leq R(f;\Delta,P)-s(f)\\&=R(f;\Delta,P)-I(f;E)\\&=R(f;\Delta,P)-S(f)\leq S(f;\Delta)-S(f)\end{aligned}$$

が得られます．任意の $\varepsilon>0$ に対して $\rho(\Delta)<\delta(\varepsilon)$ なら $-\varepsilon<s(f;\Delta)-s(f)$ と $S(f;\Delta)-S(f)<\varepsilon$ となる，そんな $\delta(\varepsilon)>0$ が存在しますので，$|R(f;\Delta,P)-I(f;E)|<\varepsilon$ が得られ証明が終わります[1)]． □

■ **定理 3·4·2**（リーマン和による積分可能性）　実数 I が存在して

$$\forall\varepsilon>0\,\exists\delta(\varepsilon)>0:\rho(\Delta)<\delta(\varepsilon)\Rightarrow\forall P\,|R(f;\Delta,P)-I|<\varepsilon$$

であるとき f は E 上で積分可能である．このとき $I=I(f;E)$ が成り立つ．

[証明]　まず任意に $\varepsilon>0$ が与えられたとします．このとき仮定から，E の分割 $\Delta=\{E_{ij}\,|\,i=1,2,\ldots,m;j=1,2,\ldots n\}$ で，それを構成する小矩形 E_{ij} からどのように代表点 P を選んでも $|R(f;\Delta,P)-I|<\varepsilon/4$ が保証できる，そんな分割 Δ が存在しますので，この分割に注目します．$m(f;E_{ij})$ の定義から代表点 $\boldsymbol{p}_{ij}\in E_{ij}$ を $f(\boldsymbol{p}_{ij})-m(f;E_{ij})<\varepsilon/4|E|$ を満たすようにとることができます．このように選んだ代表点を P で表すと

$$\begin{aligned}R(f;\Delta,P)-s(f;\Delta)&=\sum_{i=1}^{m}\sum_{j=1}^{n}(f(\boldsymbol{p}_{ij})-m(f;E_{ij}))|E_{ij}|\\&<\frac{\varepsilon}{4|E|}\sum_{i=1}^{m}\sum_{j=1}^{n}|E_{ij}|=\frac{\varepsilon}{4}\end{aligned}$$

です．同様に代表点 $\boldsymbol{p}'_{ij}$ を $M(f;E_{ij})-f(\boldsymbol{p}'_{ij})<\varepsilon/4|E|$ を満たすようにとり，それを Q で表すと

$$S(f;\Delta)-R(f;\Delta,Q)<\frac{\varepsilon}{4}$$

です．ですから

1) 証明の筋は

$$s(f)=\lim_{\rho(\Delta)\to0}s(f;\Delta)\leq\lim_{\rho(\Delta)\to0}R(f;\Delta,P)\leq\lim_{\rho(\Delta)\to0}S(f;\Delta)=S(f)$$

と書くこともできます．

$$\begin{aligned} I - s(f;\Delta) &= I - R(f;\Delta,P) + R(f;\Delta,P) - s(f;\Delta) \\ &\le |I - R(f;\Delta,P)| + R(f;\Delta,P) - s(f;\Delta) < \frac{\varepsilon}{4} + \frac{\varepsilon}{4} = \frac{\varepsilon}{2} \\ S(f;\Delta) - I &= S(f;\Delta) - R(f;\Delta,Q) + R(f;\Delta,Q) - I \\ &\le S(f;\Delta) - R(f;\Delta,Q) + |R(f;\Delta,Q) - I| < \frac{\varepsilon}{4} + \frac{\varepsilon}{4} = \frac{\varepsilon}{2} \end{aligned}$$

となり，両式を加え合わせると

$$S(f;\Delta) - s(f;\Delta) < \varepsilon$$

がわかります．よって定理 3･1･9 を使えば積分可能であることが得られます．

この定理の仮定と定理 3･4･1 から，$\rho(\Delta) < \delta$ なら任意の代表点 P について $|R(f;\Delta, P) - I| < \varepsilon/2$ と $|R(f;\Delta,P) - I(f;E)| < \varepsilon/2$ の両者が成り立つように $\delta > 0$ がとれますので，

$$|I - I(f;E)| \le |R(f;\Delta,P) - I| + |R(f;\Delta,P) - I(f;E)| < \varepsilon$$

が得られ，ε の任意性から $I = I(f;E)$ が導けます．　□

以上の 2 つの定理 3･4･1 と 3･4･2 から，$\rho(\Delta) \to 0$ のときに代表点の選び方に関わらずリーマン和の極限がいつも存在して，しかも同じ値であることを積分可能性の定義としてもよいことがわかります．次の系にまとめておきます．

■ **系 3･4･3**（リーマン和による積分可能性）　実数 I が存在して

$$\forall\varepsilon > 0\, \exists\delta > 0 : \rho(\Delta) < \delta \Rightarrow \forall P\, |R(f;\Delta,P) - I| < \varepsilon$$

であることは f が E 上で積分可能であるための必要十分条件である．このとき $I = I(f;E)$ が成り立つ．

ただしこの条件は積分可能性を保証する条件としては代表点が動き得る分だけ取扱いが面倒になることがあります．一方，積分可能であることがわかっていてその積分を求める場合には，$m(f;E_{ij})$ や $M(f;E_{ij})$ を求める必要がない分，使い勝手がよいともいえます．

■ **例 3･4･4**　$f(x,y) = x + y$ の $E = [0,1] \times [0,1]$ 上での積分をリーマン和をつくって計算してみます．この関数は連続ですからどのような分割 Δ と代表点 P をとってもそのリーマン和は積分に収束しますので，ここでは

$$E_{ij} = \left[\frac{i-1}{m}, \frac{i}{m}\right] \times \left[\frac{j-1}{m}, \frac{j}{m}\right], (p_{ij}, q_{ij}) = \left(\frac{i}{m}, \frac{j}{m}\right) \quad (i, j = 1, 2, \ldots, m)$$

をとります．(p_{ij}, q_{ij}) での関数値は $f(i/m, j/m) = (i+j)/m$ で，小矩形の面積は

$|E_{ij}|=1/m^2$ ですから

$$R(f;\Delta,P)=\sum_{i=1}^{m}\sum_{j=1}^{m}\frac{i+j}{m}\frac{1}{m^2}=\frac{1}{m^3}\sum_{i=1}^{m}\sum_{j=1}^{m}(i+j)$$
$$=\frac{1}{m^3}\left(m\frac{m(m+1)}{2}+m\frac{m(m+1)}{2}\right)=\frac{m^3+m^2}{m^3}=1+\frac{1}{m}$$

となります．これは $m\to\infty$ で 1 に収束しますので $I(f;E)=1$ となります．

3・5 累 次 積 分

ここまでの話では重積分について，1 変数の積分のように原始関数を用いた計算可能な手順がまだみえてきません．しかし，次に示すフビニの定理 3•5•1 は 1 変数の積分の繰返し，これを**累次積分**といいますが，で重積分が計算できることを示しています．まずは，その気分を話します．

f を $E=[a,b]\times[c,d]$ 上で積分可能な関数とし，E の小矩形 E_{ij} への分割を Δ とします．リーマン和はこの小矩形 E_{ij} から代表点 $\boldsymbol{p}_{ij}$ を選んできて

$$R(f;\Delta,P)=\sum_{i=1}^{m}\sum_{j=1}^{n}f(\boldsymbol{p}_{ij})|E_{ij}|$$

と書けますが，ここで $\boldsymbol{p}_{ij}$ として特殊な選び方をします．つまり，x 軸の小区間 $[x_{i-1},x_i]$ から p_i を選び，y 軸の小区間 $[y_{j-1},y_j]$ から q_j を選んでおき，この組合せで決まる点 (p_i,q_j) を E_{ij} の代表点 $\boldsymbol{p}_{ij}$ とします．積分可能ですからこのような特殊な代表点でもよいわけです．この代表点を改めて P で表すと，リーマン和は

$$R(f;\Delta,P)=\sum_{j=1}^{n}\sum_{i=1}^{m}f(p_i,q_j)|E_{ij}|$$
$$=\sum_{j=1}^{n}\left(\sum_{i=1}^{m}f(p_i,q_j)(x_i-x_{i-1})\right)(y_j-y_{j-1})$$

となります．有限個の項の和ですから，足し合わせる順序は総和に影響しません．ここで $\rho(\Delta)$ をゼロにもっていけば ( ) の中の $\sum_{i=1}^{m}f(p_i,q_j)(x_i-x_{i-1})$ は $\int_a^b f(x,q_j)\,dx$ に収束し，リーマン和 $R(f;\Delta,P)$ 自身はそれをさらに y について積分した $\int_c^d(\int_a^b f(x,y)\,dx)dy$ に収束するようにみえます．以上の議論を丁寧に行えば次の**フビニ**[1]**の定理**が得られます．そのためにまず各 $y\in[c,d]$ に対して，関数 g_y を

$$g_y(x)=f(x,y)$$

と定義します．つまり，y を固定して得られる $f(x,y)$ を x だけの関数だとみなした

1) Guido Fubini

ものです．

■ **定理 3·5·1**（フビニの定理）　関数 $f\colon E \to \mathbb{R}$ を E 上で積分可能な関数とし，各 $y \in [c,d]$ に対して g_y が $[a,b]$ 上で積分可能であるとし，$G(y) = \int_a^b g_y(x)dx$ と表す．このとき G は $[c,d]$ 上で積分可能で

$$I(f;E) = \int_c^d G(y)dy$$

が成り立つ．

[証明]　f は E 上で積分可能と仮定していますから，特殊な代表点のとり方をしてもリーマン和は $I(f;E)$ に収束することに注意してください．E の分割を Δ とし，その x 軸と y 軸の分点をこれまでと同様に x_i と y_j で表し，q_j を $q_j \in [y_{j-1}, y_j]$ ととります．この代表点を Q で表すことにします．定理の仮定から $g_{q_j}(x) = f(x, q_j)$ が $[a,b]$ 上で積分可能ですから，$[x_{i-1}, x_i]$ 上でも積分可能であることに注意すると

$$m(f;E_{ij})(x_i - x_{i-1}) \leq \int_{x_{i-1}}^{x_i} f(x,q_j)dx \leq M(f;E_{ij})(x_i - x_{i-1})$$

が得られます．この辺々に $(y_j - y_{j-1})$ を掛けて i について加え合わせると，

$$\sum_{i=1}^m m(f;E_{ij})|E_{ij}| \leq \left(\sum_{i=1}^m \int_{x_{i-1}}^{x_i} f(x,q_j)dx\right)(y_j - y_{j-1}) \leq \sum_{i=1}^m M(f;E_{ij})|E_{ij}|$$

となります．第 2 項の i についての和は積分区間の加法性によって

$$\sum_{i=1}^m \int_{x_{i-1}}^{x_i} f(x,q_j)\,dx = \int_a^b f(x,q_j)\,dx = \int_a^b g_{q_j}(x)\,dx = G(q_j)$$

ですから，これは

$$\sum_{i=1}^m m(f;E_{ij})|E_{ij}| \leq G(q_j)(y_j - y_{j-1}) \leq \sum_{i=1}^m M(f;E_{ij})|E_{ij}|$$

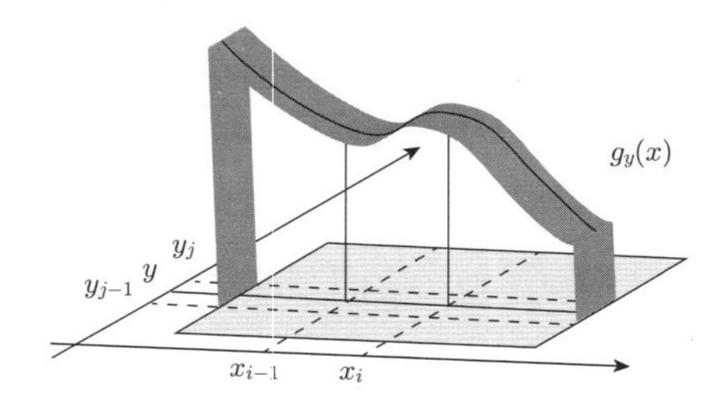

図 3・5　$\sum_{i=1}^m m(f;E_{ij})|E_{ij}| \leq G(q_j)(y_j - y_{j-1}) \leq \sum_{i=1}^m M(f;E_{ij})|E_{ij}|$ の図

となります（図3・5）．ついで j について加え合わせると G のリーマン和 $R(G;\Delta_y,Q)=\sum_{j=1}^{n}G(q_j)(y_j-y_{j-1})$ が現れて

$$s(f;\Delta)\leq R(G;\Delta_y,Q)\leq S(f;\Delta) \tag{3・16}$$

が得られます（図3・6）．ここで Δ_y は分点 y_j のつくる $[c,d]$ の分割です．以上の議論は分割 Δ と代表点 Q のとり方によらずに成り立ちます．さて f の積分 $I(f;E)$ は一般に不等式

$$s(f;\Delta)\leq I(f;E)\leq S(f;\Delta) \tag{3・17}$$

を満たし，しかも任意の $\varepsilon>0$ に対して分割 Δ が存在して式(3・16)と式(3・17)の左辺と右辺の差は $S(f;\Delta)-s(f;\Delta)<\varepsilon$ とできます．したがってこの分割 Δ に対して Q によらずに

$$\left|R(G;\Delta_y,Q)-I(f;E)\right|<\varepsilon$$

が成り立ちます．よってリーマン和による積分可能性を述べた系3・4・3から G の積分可能性と

$$\int_c^d G(y)\,dy=I(f;E)$$

が得られ，証明が終わります． □

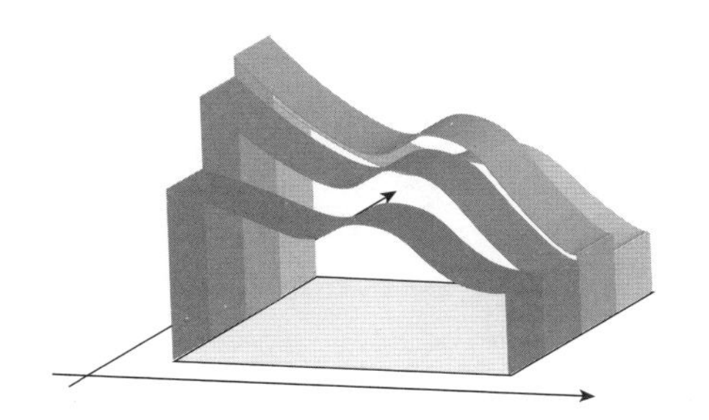

図 3・6 $s(f;\Delta)\leq\sum_{j=1}^{n}G(q_j)(y_j-y_{j-1})\leq S(f;\Delta)$ の図

$G(y)$ の定義を代入すれば，定理の式は

$$\iint_E f(x,y)dxdy=\int_c^d\left(\int_a^b f(x,y)dx\right)dy$$

と書くことができます．右辺の内側の積分は各 y について $f(x,y)$ を x の関数として積分しています．その結果得られる関数 $G(y)$ は y の関数ですから，外側の積分ではそれを y に関して積分しています．上式の右辺は ( ) を外して場所を入替えて

$$\int_c^d dy \int_a^b f(x,y)\,dx$$

と書かれることがあります．まず，$\int_a^b f(x,y)dx$ を計算してからそれを左にある $\int_c^d$ と dy の間に挟み込めということです．変数 x と y の役割を入替えて $g_x(y)=f(x,y)$ が y について積分可能なら同様にして

$$\iint_E f(x,y)\,dxdy = \int_a^b \left(\int_c^d f(x,y)\,dy\right) dx = \int_a^b dx \int_c^d f(x,y)\,dy$$

が成り立ちます．

次の補助定理 3･5･2 に示すように，関数 f が連続ならフビニの定理 3･5･1 の仮定が満たされ，累次積分可能であることがわかります．

■ **補助定理 3･5･2**　連続関数 $f\colon E\to\mathbb{R}$ に対して以下が成り立つ．

a)　$f(x,y)$ は各 $y\in[c,d]$ について x の関数として $[a,b]$ 上で連続で，よって $[a,b]$ 上で積分可能．また各 $x\in[a,b]$ について y の関数として $[c,d]$ 上で連続で，よって $[c,d]$ 上で積分可能である．

b)　$G(y)=\int_a^b f(x,y)\,dx$ は $[c,d]$ 上で連続で，よって $[c,d]$ 上で積分可能．また $H(x)=\int_c^d f(x,y)\,dy$ は $[a,b]$ 上で連続で，よって $[a,b]$ 上で積分可能である．

[証明]　a) は明らかです．これによって b) の $G(y)$ と $H(x)$ が定義できます．

b) については $G(y)$ の連続性を示しましょう．そのためには任意に与えられた $\varepsilon>0$ に対して $|y-y'|<\delta$ なら $|G(y)-G(y')|<\varepsilon$ なる $\delta>0$ の存在を示せば十分です．関数 f は，その連続性と E のコンパクト性から，E 上で一様連続ですから，与えられた $\varepsilon>0$ に対して $d((x,y),(x',y'))<\delta$ なら $|f(x,y)-f(x',y')|<\varepsilon/(b-a)$ となる $\delta>0$ が存在します．この δ に対して $|y-y'|<\delta$ と仮定しましょう．このとき第1変数が同じ 2 点 (x,y) と (x,y') について $d((x,y),(x,y'))<\delta$ であることに注意すると

$$\begin{aligned}
|G(y)-G(y')| &= \left|\int_a^b g_y(x)dx - \int_a^b g_{y'}(x)dx\right| \\
&= \left|\int_a^b (g_y(x)-g_{y'}(x))\,dx\right| \leq \int_a^b |g_y(x)-g_{y'}(x)|dx \\
&= \int_a^b |f(x,y)-f(x,y')|dx < \int_a^b \frac{\varepsilon}{b-a}\,dx = \varepsilon
\end{aligned}$$

が得られます．これで $G(y)$ の連続性が示せました．　□

■ **例 3・5・3** 前出の $f(x,y)=x+y$ の $E=[0,1]\times[0,1]$ 上の積分は以下のようにして計算できます．

$$\int_0^1 dy \int_0^1 (x+y)dx = \int_0^1 \left[\frac{1}{2}x^2+yx\right]_{x=0}^{x=1} dy = \int_0^1 \left(\frac{1}{2}+y\right)dy$$
$$= \left[\frac{1}{2}y+\frac{1}{2}y^2\right]_{y=0}^{y=1} = \frac{1}{2}+\frac{1}{2}=1$$

上式ではどの変数に注目しているかを明らかにするために $[\ \cdot\ ]_{x=0}^{x=1}$ などと書きました．

■ **例 3・5・4** 累次積分可能でも積分可能とは限りません．それをみるために積分可能でなかった例 3・1・8 の b) の関数の累次積分を計算してみます．関数 $f\colon [0,1]\times[0,1]\to\mathbb{R}$ は

$$f(x,y)=\begin{cases} 1 & \left(\exists i,j,k\in\mathbb{N} : (x,y)=\left(\dfrac{2i-1}{2^k}, \dfrac{2j-1}{2^k}\right)\right) \\ 0 & (\text{その他の場合}) \end{cases}$$

と定義されていました．ここで条件 $(x,y)=((2i-1)/2^k, (2j-1)/2^k)$ の分母の指数 k が変数 x と y とで共通であることに注意してください．$x\in[0,1]$ を 1 つもってきます．$x=(2i-1)/2^k$ となる $i,k\in\mathbb{N}$ が存在しないなら，常に $f(x,y)=0$ ですから y についての積分は $\int_0^1 f(x,y)dy=0$ となります．$x=(2i-1)/2^k$ ならこの k は一意に決まります[1]．よって $(2j-1)/2^k\in[0,1]$ となる j は有限個，つまり $f(x,y)=1$ となる y は有限個です．ですからやはり y についての積分は $\int_0^1 f(x,y)dy=0$ となり，結局 $\int_0^1 dx\int_0^1 f(x,y)dy=0$ が得られます．同様に $\int_0^1 dy\int_0^1 f(x,y)dx=0$ でもあります．しかし，例 3・1・8 の b) でみたようにこの関数は E 上で積分可能ではありません．このように 2 つの累次積分が存在してその値が一致しても積分可能とは限りません．

関数 $f\colon E\to\mathbb{R}$ が 1 変数関数の和や積で与えられている場合には 1 変数関数の積分で f の積分が与えられます．

■ **系 3・5・5** $\varphi\colon [a,b]\to\mathbb{R}$ と $\psi\colon [c,d]\to\mathbb{R}$ をそれぞれ積分可能な関数とし，$E=[a,b]\times[c,d]$ とする．このとき

a) $$\iint_E (\varphi(x)+\psi(y))dxdy = (d-c)\int_a^b \varphi(x)dx + (b-a)\int_c^d \psi(y)dy$$

---

1) $(2i-1)/2^k=(2i'-1)/2^{k'}$ で $k>k'$ と仮定すると $2i-1=(2i'-1)2^{k-k'}$ となって等号の左右で偶奇が異なり，矛盾します．

b) $\displaystyle\iint_E \bigl(\varphi(x)\cdot\psi(y)\bigr)dxdy=\int_a^b \varphi(x)dx\cdot\int_c^d \psi(y)dy$

[証明]　a) は重積分を定義したときにすでに示していますが，累次積分を使うと

$$\begin{aligned}\iint_E \bigl(\varphi(x)+\psi(y)\bigr)dxdy&=\iint_E \varphi(x)\,dxdy+\iint_E \psi(y)\,dxdy\\&=\int_c^d dy\int_a^b \varphi(x)\,dx+\int_a^b dx\int_c^d \psi(y)\,dy\\&=(d-c)\int_a^b \varphi(x)\,dx+(b-a)\int_c^d \psi(y)\,dy\end{aligned}$$

となります．b) は

$$\begin{aligned}&\iint_E \bigl(\varphi(x)\cdot\psi(y)\bigr)dxdy=\int_c^d dy\int_a^b \bigl(\varphi(x)\cdot\psi(y)\bigr)dx\\&=\int_c^d \left(\psi(y)\int_a^b \varphi(x)\,dx\right)dy=\int_a^b \varphi(x)\,dx\cdot\int_c^d \psi(y)\,dy\end{aligned}$$

となります．□

■ 例 3･5･6　フビニの定理 3･5･1 で，f が積分可能であるとの条件を落とすことができないことをみるために，関数 $f(x,y)=(x-y)/(x+y)^3$ の $E=[0,1]\times[0,1]$ 上の累次積分を計算してみます．実はこの f は E 上で積分可能でないのですが，その証明を省略して累次積分を計算すると

$$\begin{aligned}\int_0^1 dy\int_0^1 \frac{x-y}{(x+y)^3}dx&=\int_0^1 \left[\frac{-x}{(x+y)^2}\right]_{x=0}^{x=1}dy\\&=-\int_0^1 \frac{1}{(1+y)^2}dy=\left[\frac{1}{1+y}\right]_{y=0}^{y=1}=-\frac{1}{2}\end{aligned}$$

$$\begin{aligned}\int_0^1 dx\int_0^1 \frac{x-y}{(x+y)^3}dy&=\int_0^1 \left[\frac{y}{(x+y)^2}\right]_{y=0}^{y=1}dx\\&=\int_0^1 \frac{1}{(x+1)^2}dx=-\left[\frac{1}{x+1}\right]_{x=0}^{x=1}=\frac{1}{2}\end{aligned}$$

となります．

問題 3･5･7　$E=[0,1]\times[0,1]$ で連続でない関数

$$f(x,y)=\begin{cases}\dfrac{1}{y^2} & (0<x<y<1)\\ -\dfrac{1}{x^2} & (0<y<x<1)\\ 0 & (\text{その他})\end{cases}$$

の累次積分を，積分順序を変えて計算しなさい．

1変数の微積分の基本定理のようなきれいな性質は重積分にはありませんが，次の系のa)とb)に示す基本定理擬（もどき）が成り立ちます．ここで F は f の原始関数擬です．またc)は少々込入っていますが部分積分擬です．

■ **系3·5·8** F と G を E 上の C^2–級関数，$f(x,y)=F_{yx}(x,y)$ とする．

a) $$\int_c^d\int_a^b f(x,y)\,dxdy=F(b,d)-F(a,d)-F(b,c)+F(a,c)$$

b) $$\frac{\partial}{\partial x}\frac{\partial}{\partial y}\int_c^y\int_a^x f(s,t)\,dsdt=f(x,y)$$

c) $$\begin{aligned}&\int_c^d\int_a^b (f\cdot G)(s,t)dsdt\\&=(F\cdot G)(b,d)-(F\cdot G)(a,d)-(F\cdot G)(b,c)+(F\cdot G)(a,c)\\&\quad-\int_c^d\int_a^b (F_yG_x+F_xG_y+FG_{yx})(s,t)dsdt\end{aligned}$$

[証明] a)は，1変数関数の微積分の基本定理から

$$\begin{aligned}\int_c^d\int_a^b f(x,y)\,dxdy&=\int_c^d\int_a^b F_{yx}(x,y)\,dxdy\\&=\int_c^d\Big[F_y(x,y)\Big]_{x=a}^{x=b}dy\\&=\int_c^d (F_y(b,y)-F_y(a,y))\,dy=\Big[F(b,y)-F(a,y)\Big]_{y=c}^{y=d}\\&=\big(F(b,d)-F(a,d)\big)-\big(F(b,c)-F(a,c)\big)\end{aligned}$$

と得られます．

b)は，上式で積分区間の上端を x と y とすると

$$\int_c^y\int_a^x f(s,t)\,dsdt=F(x,y)-F(a,y)-F(x,c)+F(a,c)$$

ですから，両辺をまず y で，ついで x で偏微分すると

$$\begin{aligned}&\frac{\partial}{\partial x}\frac{\partial}{\partial y}\int_c^y\int_a^x f(s,t)\,dsdt\\&=\frac{\partial}{\partial x}\frac{\partial}{\partial y}\big(F(x,y)-F(a,y)-F(x,c)+F(a,c)\big)\\&=\frac{\partial}{\partial x}\frac{\partial}{\partial y}F(x,y)=F_{yx}(x,y)=f(x,y)\end{aligned}$$

となります．

$H(x,y)=F(x,y)\cdot G(x,y)=(F\cdot G)(x,y)$ として，この 2 階の偏導関数を求めると $H_{yx}=F_{yx}\cdot G+F_y\cdot G_x+F_x\cdot G_y+F\cdot G_{yx}$ です．まず a) から

$$\int_c^d\int_a^b H_{yx}(x,y)\,dxdy=H(b,d)-H(a,d)-H(b,c)+H(a,c)$$

がわかります．この式の左辺は

$$\int_c^d\int_a^b \big(F_{yx}\cdot G+F_y\cdot G_x+F_x\cdot G_y+F\cdot G_{yx}\big)(s,t)\,dsdt$$

ですから $f=F_{yx}$ だったことを思い出すと c) の証明が終わります．　□

3・6　有界集合上での積分

1 変数関数の積分の場合には有界閉区間 $[a,b]$ 上での積分 $\int_a^b f(x)dx$ を扱えばだいたい十分でした．これまで矩形上の積分を考えてきましたが，多変数関数ではこれでは不十分で，より一般的な集合上での積分を考える必要があります．以降ではまず平面上の有界な集合 $A\subseteq\mathbb{R}^2$ を相手にします．関数が A 上で積分可能であるかどうかは，関数だけではなく集合 A にも依存することになります．関数が素直でも集合が素直でなければ積分できないといったことが起こります．

A は有界ですから矩形 $E=[a,b]\times[c,d]$ を $A\subseteq E$ となるように選んでおきます．最も基本的な定数関数，たとえば A 上で値 1 をとる定数関数，が A 上で積分可能であることを A に要請するのは自然だと考えられます．そこで，$A^c=E\setminus A$ として，集合 A に対してその**定義関数** $\Pi_A(x,y)$ を

$$\Pi_A(x,y)=\begin{cases}1 & ((x,y)\in A)\\ 0 & ((x,y)\in A^c)\end{cases}$$

で定義します[1)]．この関数が E 上で積分可能であるとき A は**面積が確定する**あるいは**ジョルダン**[2)]**可測**であるといい，その積分を A の**面積**と定義します．A の面積が確定するかどうか，確定したときの面積の値がどうなるかは A を含む矩形 E のとり方に依存しません．

E の小矩形への分割 $\Delta=\{\,E_{ij}\mid i=1,2,\ldots,m;j=1,2,\ldots,n\}$ に対して

a)　$E_{ij}\subseteq A^c\Rightarrow m(\Pi_A;E_{ij})=M(\Pi_A;E_{ij})=0$

b)　$E_{ij}\cap A^c\neq\emptyset\wedge E_{ij}\cap A\neq\emptyset\Rightarrow m(\Pi_A;E_{ij})=0,\,M(\Pi_A;E_{ij})=1$

c)　$E_{ij}\subseteq A\Rightarrow m(\Pi_A;E_{ij})=M(\Pi_A;E_{ij})=1$

---

1) 定義関数には χ_A という記号をあてることが多いのですが，A の形をした高さ 1 のテーブルのような関数ですからここでは Π_A という記号を選びました．

2) Marie Ennemond Camille Jordan

ですから，$s(\Pi_A;\Delta)$ と $S(\Pi_A;\Delta)$ は

$$s(\Pi_A;\Delta)=\sum_{i=1}^{m}\sum_{j=1}^{n}m(\Pi_A;E_{ij})|E_{ij}|=\sum_{E_{ij}\subseteq A}|E_{ij}|$$
$$S(\Pi_A;\Delta)=\sum_{i=1}^{m}\sum_{j=1}^{n}M(\Pi_A;E_{ij})|E_{ij}|=\sum_{E_{ij}\cap A\neq\emptyset}|E_{ij}|$$

です．それぞれ A に含まれる小矩形の面積の総和，A と交わりをもつ小矩形の面積の総和です．また定義 3・1・2 の $\Omega(\cdot;\cdot)$ は

$$\Omega(\Pi_A;\Delta)=\sum_{\substack{E_{ij}\cap A^c\neq\emptyset\\ E_{ij}\cap A\neq\emptyset}}|E_{ij}|$$

となり，これは A とも A^c とも交わる小矩形の面積の総和となります．図 3・7 に 2 種類の分割についてこの小矩形達を網掛で示しました．以上の記号を使えば

$$A\text{ の面積が確定する }\rightleftharpoons s(\Pi_A)=S(\Pi_A)$$

です．あるいは定理 3・1・9 を思い出せば，面積確定のための必要十分条件は

$$\forall\varepsilon>0\,\exists\Delta:S(\Pi_A;\Delta)-s(\Pi_A;\Delta)<\varepsilon$$

あるいは，同じことですが

$$\forall\varepsilon>0\,\exists\Delta:\Omega(\Pi_A;\Delta)<\varepsilon \tag{3・18}$$

です．以上から，集合 A の面積が確定するとは "A の境界を，その面積の総和をいくらでも小さくできる有限個の小矩形達で覆うことができる" ことのようです．この予想が正しいことは定理 3・6・2 で示します．

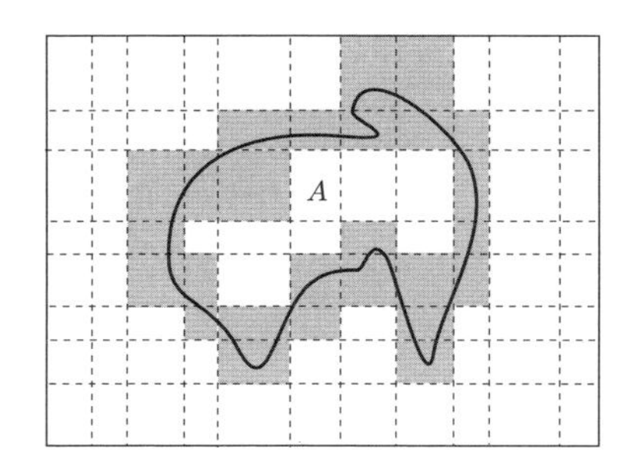

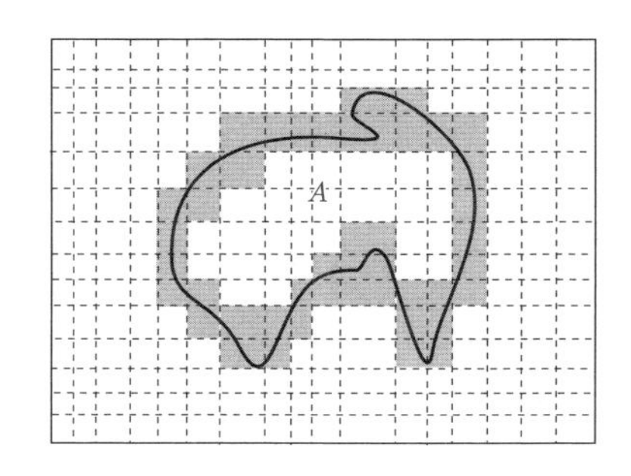

図 3・7 A^c と A の両方と交わりをもつ小矩形 E_{ij}

■ 例 3・6・1 例 3・1・8 にある関数はいずれもある集合の定義関数でした．a) は $A=\{(x,y)\in E\mid x,y\in\mathbb{Q}\}$ の，b) は $A=\{(x,y)\in E\mid \exists i,j,k\in\mathbb{N}:(x,y)=((2i-1)/2^k,(2j-1)/2^k)\}$ の定義関数です．したがってこれらの集合の面積は確定しません．

定義 1・2・2 で定義した集合 A の境界

$$\mathrm{bd}\,A=\{\boldsymbol{a}\mid\forall\delta>0\,U(\boldsymbol{a};\delta)\cap A\neq\emptyset\wedge U(\boldsymbol{a};\delta)\cap A^c\neq\emptyset\}$$

と，定義 3・3・4 の零集合の定義を思い出すと次の定理が得られます．

■ 定理 3・6・2 有界集合 A の面積が確定する必要十分な条件はその境界が零集合であることである．

[証明] A の面積が確定すると仮定して任意に $\varepsilon>0$ を与えます．このとき $\Omega(\Pi_A;\Delta<\varepsilon$，すなわち $\sum_{\substack{E_{ij}\cap A^c\neq\emptyset\\E_{ij}\cap A\neq\emptyset}}|E_{ij}|<\varepsilon$ を満たす E の分割 Δ があります．一方，A の境界点は A^c とも A とも交わりをもつどれかの小矩形 E_{ij} に属することがわかります．実際，境界点 $\boldsymbol{a}$ を任意にもってくると，それは A の点かあるいは A^c の点ですから，まず A の点である場合を考えます．境界点の定義から $\boldsymbol{a}$ に収束する A^c の点列 $\{\boldsymbol{a}_k\}_{k\in\mathbb{N}}$ があります．無限個の点が有限個の小矩形達の中にある訳ですから，この点列のうちの無限個の点，つまり部分点列，を含む小矩形が存在しますので，それを E_{ij} とします．E_{ij} が閉集合であることから $\boldsymbol{a}\in E_{ij}$ が得られ，よって $E_{ij}\cap A^c$ も $E_{ij}\cap A$ も空ではありません．$\boldsymbol{a}$ が A^c の点である場合は $\boldsymbol{a}$ に収束する A の点列がありますので同様に証明できます．したがって

$$\mathrm{bd}\,A\subseteq\bigcup_{\substack{E_{ij}\cap A^c\neq\emptyset\\E_{ij}\cap A\neq\emptyset}}E_{ij}$$

となり，$\mathrm{bd}\,A$ が零集合であることがわかります．

逆に $\mathrm{bd}\,A$ が零集合であると仮定すると，任意の $\varepsilon>0$ に対して $\mathrm{bd}\,A\subseteq\bigcup_{k=1}^K B_k$ で $\sum_{k=1}^K|B_k|<\varepsilon/2$ なる矩形達が存在します．定理 3・3・6 の証明と同様に矩形 B_k それぞれについて $B_k\subset C_k$ となる開矩形 C_k で $\sum_{k=1}^K|C_k|<\varepsilon$ となるものがとれます．この開矩形を元にして分割 $\Delta=\{E_{ij}\}$ を構成すると，A^c とも A とも交わる小矩形はどれかの C_k の閉包に含まれます．したがって

$$\Omega(\Pi_A;\Delta)=\sum_{\substack{E_{ij}\cap A^c\neq\emptyset\\E_{ij}\cap A\neq\emptyset}}|E_{ij}|\leq\sum_{k=1}^K|C_k|<\varepsilon$$

が得られて A の面積が確定することがわかります． □

準備が長くなりましたがいよいよ有界集合 A 上の積分を定義しましょう.

■ **定義 3・6・3**（有界集合上での積分） 関数 $f\colon E\to\mathbb{R}$ と $A\subseteq E$ に対して，Π_A と f の積 $\Pi_A\cdot f$ が E 上での積分可能であるとき f は A 上で積分可能であるといい，その積分 $I(f;A)$ を

$$I(f;A)=I(\Pi_A f;E) \tag{3・19}$$

で定義する.

この定義では，f は A^c で定義されている必要はありませんが，ここでは f の定義域を E としておきました．面積確定の定義と定理 3・1・10 から次の定理が得られます.

■ **定理 3・6・4**（面積確定集合上での積分可能性） E 上で積分可能な関数 $f\colon E\to\mathbb{R}$ は面積が確定する集合 $A\subseteq E$ 上で積分可能である.

[証明] 面積確定の定義より A の定義関数 Π_A は E 上で積分可能です．f も E 上で積分可能ですから，その積 $\Pi_A\cdot f$ は定理 3・1・10 の d) から E 上で積分可能となり，定理が得られます. □

定理 3・6・2 の結果を使えば上の定理は，“E 上で積分可能な関数 $f\colon E\to\mathbb{R}$ は境界が零集合である集合 $A\subseteq E$ 上で積分可能である” と述べることもできます．さらに定理 3・3・6 を使えば，次の系が得られます.

■ **系 3・6・5** A を E の境界が零集合である部分集合とする．不連続点の集合が零集合である有界関数 $f\colon E\to\mathbb{R}$ は $A\subseteq E$ 上で積分可能である．特に，E 上の連続関数は A 上で積分可能である.

次にどのような有界集合の面積が確定するか，つまりその境界が零集合となるかをみます．区間 $[a,b]$ と一対の連続関数 $p,q\colon [a,b]\to[c,d]$ によって A が

$$A=\{\,(x,y)\mid a\le x\le b;\ p(x)\le y\le q(x)\,\} \tag{3・20}$$

と定義されているとすると，A の境界点は不等式 (3・20) のどれかを等号で満たしています．実際に，点 (x,y) が $a<x<b$ かつ $p(x)<y<q(x)$ を満たしていると仮定して，$\delta=\min\{y-p(x),q(x)-y\}/2$ とすると，$a<x<b$ であることと p と q の連続性から $\delta'>0$ がとれて，開矩形 $U(x;\delta')\times U(y;\delta)$ は A に含まれます．よって点 (x,y) は A の内点であることになりますので，境界点は不等式 (3・20) のどれかを等号で満たしていなければなりません．ただし図 3・8 に示したように p や q の連続性がないと必ずしもこの性質は成り立ちません.

次の補助定理は式 (3・20) の A の面積が確定することを示しています．

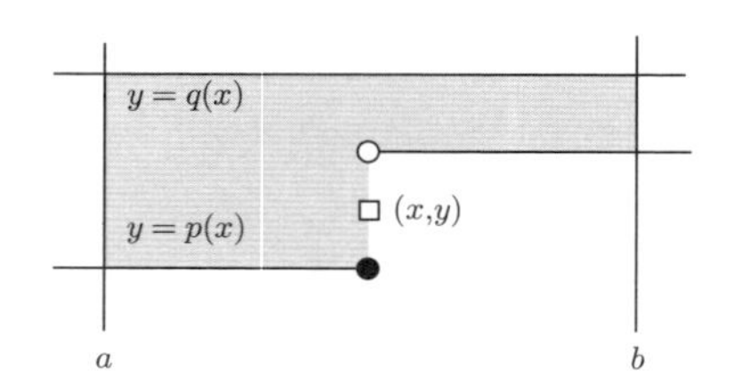

図 3・8 p が連続でない場合の境界点 (x,y)

■ **補助定理 3・6・6** 区間 $[a,b]$ と一対の連続関数 $p,q\colon [a,b]\to[c,d]$ によって式 (3・20) で定義される集合 A は面積が確定する．

［証明］ 補助定理の直前の議論から

$$\mathrm{bd}\,A\subseteq\{(x,y)\in E\mid x=a\vee x=b\vee y=p(x)\vee y=q(x)\}$$

ですから，証明の目標はこの右辺の集合が零集合であること，つまりどのような $\varepsilon>0$ に対しても総面積 ε 未満の有限個の小矩形達で覆えることを示すことです．線分 $\{(x,y)\in E\mid x=a\}$ と線分 $\{(x,y)\in E\mid x=b\}$ のそれぞれを面積が $\varepsilon/4$ 未満の 1 つの矩形で覆えることは明らかですので，曲線 $\{(x,y)\in E\mid y=p(x)\}$ を面積の総和が $\varepsilon/4$ 未満である有限個の小矩形達で覆えることを示します．仮定から p は区間 $[a,b]$ 上で連続ですから，その上で一様連続です．よって $|x-x'|<\delta(\varepsilon)$ なら $|p(x)-p(x')|<\varepsilon/4(b-a)$ となる $\delta(\varepsilon)>0$ が存在します．ここで $(b-a)/m<\delta(\varepsilon)$ なる m をとって図 3・9 に示したように x 軸方向を m 等分すると，縦の長さがたかだか $\varepsilon/4(b-a)$ の矩形達で曲線 $y=p(x)$ を覆えます．この矩形達の面積の総和は

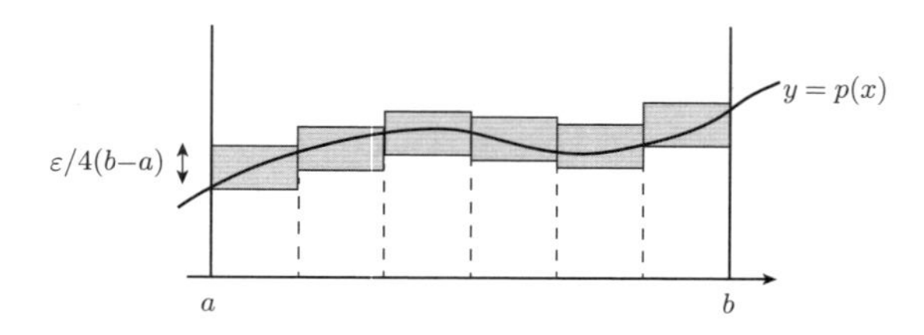

図 3・9 グラフ $y=p(x)$ を覆う小矩形達

$m\times(b-a)/m\times\varepsilon/4(b-a)=\varepsilon/4$ です．$y=q(x)$ を満たす曲線も同様の議論で総面積が $\varepsilon/4$ 未満の小矩形達で覆うことができますから，全部合わせてもたかだか ε の面積をもつ有限個の小矩形達で覆えます． □

補助定理 3・6・6 の主張は，$\int_a^b \bigl(q(x)-p(x)\bigr)dx$ が存在するのだから自明ではないかと考えるかもしれませんが，この積分が存在しても集合 A の面積が確定しないことがあります．いわれてみれば当たり前の例を次に示します．

■ **例 3・6・7** 関数 $p\colon [0,1]\to[0,1]$ を $[0,1]$ 上のディリクレ関数

$$p(x)=\begin{cases}1 & (x\in[0,1]\cap\mathbb{Q})\\ 0 & (x\in[0,1]\setminus\mathbb{Q})\end{cases}$$

関数 q を $q(x)=p(x)+1$ とします．p も q も $[0,1]$ 上で積分できませんが，その差は任意の $x\in[0,1]$ で $q(x)-p(x)=1$ ですから積分可能で，$\int_0^1 \bigl(q(x)-p(x)\bigr)dx=1$ となります．一方，集合 $A=\{\,(x,y)\mid 0\le x\le 1;\, p(x)\le y\le q(x)\,\}$ の面積は確定しません．実際 $\mathrm{bd}\,A=[0,1]\times[0,2]$ です．

以上の結果を定理にまとめておきます．

■ **定理 3・6・8**（有界集合上の累次積分） E 上の連続関数 $f\colon E\to\mathbb{R}$ と連続関数 $p,q\colon [a,b]\to[c,d]$ に対して，式 (3・20) で定義される A 上での f の積分 $I(f;A)$ は

$$I(f;A)=\int_a^b dx\int_{p(x)}^{q(x)} f(x,y)\,dy$$

で与えられる．

［証明］ $I(f;A)$ の定義 3・6・3 からまず

$$I(f;A)=I(\Pi_A f;E)=\iint_E (\Pi_A f)(x,y)\,dxdy$$

であり，これにフビニの定理 3・5・1 を使うと

$$=\int_a^b dx\int_c^d (\Pi_A f)(x,y)\,dy$$

が得られ，$y<p(x)$ と $y>q(x)$ で $(\Pi_A f)(x,y)=0$ であることから

$$=\int_a^b dx\int_{p(x)}^{q(x)} f(x,y)\,dy$$

が得られます． □

定理の主張にある式の右辺の $\int_{p(x)}^{q(x)} f(x,y)dy$ は，変数 y に関して積分をし終わっていますから，残った変数 x の関数であることに注意してください．集合 A が連続関数 $p,q\colon [c,d]\to[a,b]$ によって

$$A = \{ (x,y) \mid c \leq y \leq d;\, p(y) \leq x \leq q(y) \}$$

と与えられているのなら

$$I(f;A) = \int_c^d dy \int_{p(y)}^{q(y)} f(x,y)\, dx$$

となります．また連続関数 p, q, s, t によって

$$A = \{ (x,y,z) \mid a \leq x \leq b;\, p(x) \leq y \leq q(x);\, s(x,y) \leq z \leq t(x,y) \}$$

と定義されているなら，3 重積分について

$$\iiint_A f(x,y,z)\, dxdydz = \int_a^b dx \int_{p(x)}^{q(x)} dy \int_{s(x,y)}^{t(x,y)} f(x,y,z)\, dz$$

が成り立ちます．

■ **例 3･6･9** $A = \{ (x,y) \mid 0 \leq x \leq 1;\, x^2 \leq y \leq x \}$ 上での関数 $f(x,y)$ の積分は

$$\int_0^1 dx \int_{x^2}^{x} f(x,y)\, dy$$

と書けますが，このを積分順序を入替えてみると

$$\int_0^1 dy \int_y^{\sqrt{y}} f(x,y)\, dx$$

となります．積分範囲に注意する必要があります（図 3･10）．

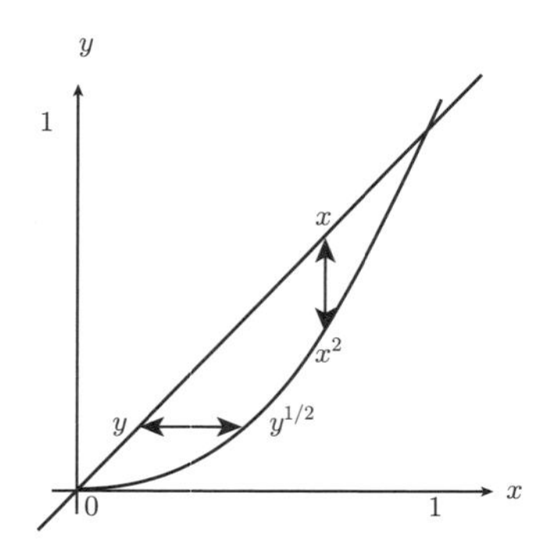

図 3・10 累次積分の順序が変わると積分範囲も変わる

■ **例 3･6･10** 図 3･12 に示した $A = \{ (x,y) \mid 0 \leq x \leq 1;\, 0 \leq y \leq x \}$ 上で図 3･11 の関数 $f(x,y) = (\sin x)/x$ の積分を計算してみましょう．まず，

$$\int_0^x \frac{\sin x}{x} dy = \left[y \frac{\sin x}{x} \right]_{y=0}^{y=x} = \sin x$$

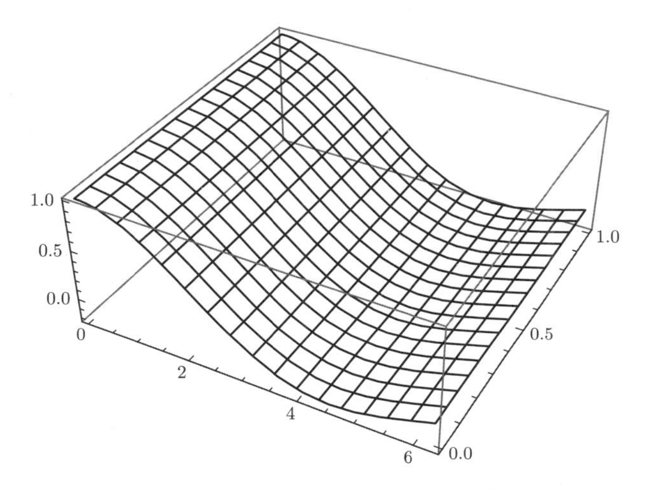

図 3・11 関数 $f(x,y)=(\sin x)/x$ のグラフ

ですから,

$$\int_0^1\left(\int_0^x \frac{\sin x}{x}\,dy\right)dx=\int_0^1 \sin x\,dx=[-\cos x]_{x=0}^{x=1}=-\cos(1)+1$$

となります．積分の順序を入替えると

$$\int_0^1\left(\int_y^1 \frac{\sin x}{x}\,dx\right)dy$$

ですが，内側の積分 $\int_y^1((\sin x)/x)dx$ で行き詰まってしまいます（図 3･12）.

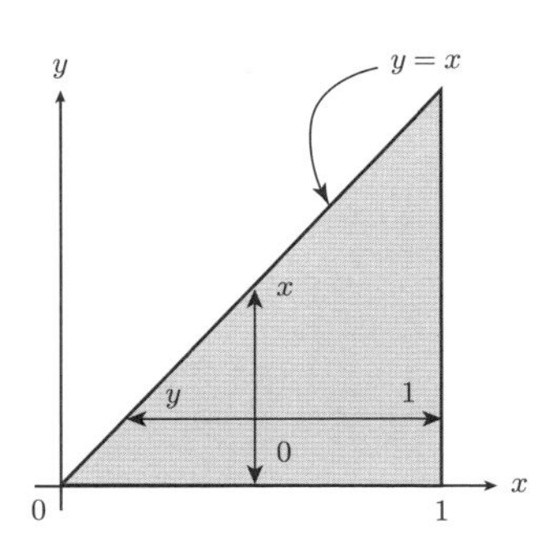

図 3・12 累次積分の順序は大事

3・7 広義積分

矩形 $E=[a,b]\times[c,d]$ 上で定義された関数 f の積分を，前節では定義関数 Π_A を用いて有界集合 $A\subseteq E$ の上の積分に拡張しました．この節ではさらに有界でない集合上へと積分の定義を拡張したいと思います．広義積分とよばれるこの拡張はすでに1変数ではおなじみのものです．そこではたとえば $\int_0^\infty f(x)\,dx$ は $\lim_{x\to\infty}\int_0^x f(s)\,ds$ と定義されていました．つまり有界閉区間上の積分を考えて，有界閉区間が非有界な積分領域に向かって大きくなったときに，その値が収束する極限をもって広義積分としたのでした．多変数でも面積が確定する有界集合上での f の積分を考え，有界集合を非有界な積分領域に向かって大きくしてその積分の値の変化を眺め，それが収束するときに広義積分を定義します．しかし，変数が複数あることから有界集合の大きくなり方は多様で，そのために起こってくる問題があります．

まずは関数 $f(x,y)=\sin(x^2+y^2)$ を例にとってその問題をみます．

■ **例 3・7・1**　$A=[0,\infty)\times[0,\infty)$ で定義された関数 $f(x,y)=\sin(x^2+y^2)$ を考えます．図 3・13 にその等高線を描いておきました．関数値は明るい円環上で正，暗い円環上で負となっています．まず1辺の長さが自然数 k の矩形 $A_k=[0,k]\times[0,k]$ 上での積分を計算すると

$$
\begin{aligned}
I(f;A_k)&=\int_0^k\int_0^k \sin(x^2+y^2)\,dxdy\\
&=\int_0^k\int_0^k (\sin x^2\cos y^2+\cos x^2\sin y^2)dxdy\\
&=\int_0^k \sin x^2dx\cdot\int_0^k \cos y^2dy+\int_0^k \cos x^2dx\cdot\int_0^k \sin y^2dy
\end{aligned}
$$

となりますが，$k\to+\infty$ のときにこの各項は $\sqrt{\pi/8}$ に収束し[1]，全体として $\pi/4$ に収束することが知られています．一方，やはり自然数 k に対して原点中心，半径 $\sqrt{2k\pi}$ の4分の1円を $B_k=\{\,(x,y)\,|\,(x,y)\geq(0,0);x^2+y^2\leq 2k\pi\,\}$ と定義すると，後述の変数変換 $(x,y)=(r\cos\theta,r\sin\theta)$ によって，B_k 上の積分は

$$
I(f;B_k)=\int_0^{\sqrt{2k\pi}}\int_0^{\pi/2} r\sin r^2d\theta dr=-\frac{\pi}{4}(\cos 2k\pi-\cos 0)=0
$$

となり，$\lim_{k\to\infty}\iint_{B_k}\sin(x^2+y^2)\,dxdy=0$ となります．あるいは $C_k=\{\,(x,y)\,|\,(x,y)\geq(0,0);x^2+y^2\leq(2k-1)\pi\,\}$ と定義すると，

---

1) $\int_0^x \sin s^2ds$ と $\int_0^y \cos t^2dt$ はフレネル（Augustin Jean Fresnel）積分として知られています．

$$I(f;C_k)=\int_0^{\sqrt{(2k-1)\pi}}\int_0^{\pi/2} r\sin r^2 d\theta dr=-\frac{\pi}{4}(\cos(2k-1)\pi-\cos 0)=\frac{\pi}{2}$$

ですから，$\lim_{k\to\infty}\iint_{C_k}\sin(x^2+y^2)\,dxdy=\pi/2$ を得ます．さらに B_k と C_k を交互にとるようにすれば，つまり $D_k=\{\,(x,y)\,|\,(x,y)\geq(0,0);x^2+y^2\leq k\pi\,\}$ とすれば

$$I(f;D_k)=\begin{cases}0 & (k \text{ が偶数})\\ \frac{\pi}{2} & (k \text{ が奇数})\end{cases}$$

です．よって $\lim_{k\to\infty} I(f;D_k)$ は存在しません．

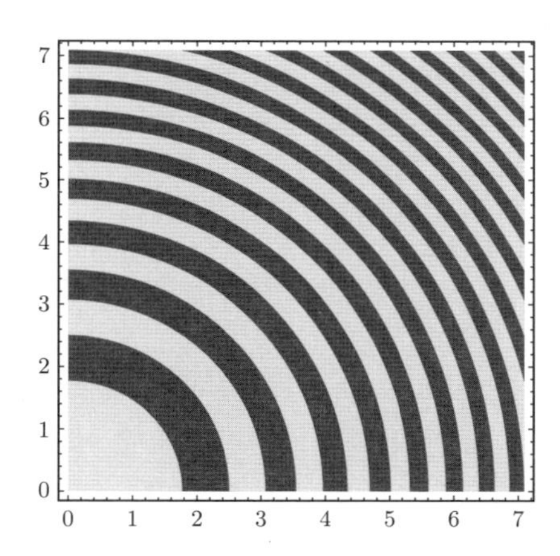

図 3・13 関数 $f(x,y)=\sin(x^2+y^2)$ の等高線

上の例からわかるように，積分領域を近似する有界領域のとり方によって結果が著しく異なります．特に関数 f の符号が一定していないことが悪さをします．そこでしばらくの間,

関数 f は A 上で非負であると仮定

して話を進めます．この場合 $B\subseteq A$ なら積分 $I(f;B)$ は“f の A 上の積分”を超えないと考えるのが自然ですから，A に含まれる面積確定の有界集合をすべて考え，その上での f の積分の上限をもって“f の A 上の積分”とするのは自然な考えです．特に A 自身が面積確定有界集合の場合には，この上限は f の A 上の積分 $I(f;A)$ に一致します．なぜなら関数の非負性から $B\subseteq A$ なら $I(f;B)\leq I(f;A)$ であり，しかも A 自身が A に含まれる面積確定有界集合であるためです．さらに考えるべき A

の部分集合に対してコンパクト性を要求した場合でも，同様の等号が成り立つことを次の補助定理で示しておきます．以降

$$\mathcal{L}_A = \{\, B \mid B \text{ は } A \text{ の面積確定コンパクト部分集合} \,\}$$

と記号を約束します．

■ **補助定理 3·7·2**　A を面積確定有界集合とし，$f\colon E \to \mathbb{R}$ は A 上で非負で積分可能とする．このとき $\sup\{\, I(f;B) \mid B \in \mathcal{L}_A \,\} = I(f;A)$ が成り立つ．

[証明]　f の非負性からいつでも $I(f;B) \le I(f;A)$ が成り立ちますので，不等式 $\sup_B I(f;B) \le I(f;A)$ は明らかです．したがって示すべきことは任意の $\varepsilon > 0$ に対して $I(f;B) > I(f;A) - \varepsilon$ となる $B \in \mathcal{L}_A$ の存在です．f が A 上で積分可能ですから，この ε に対して $I(f;A) - s(\Pi_A f;\Delta) < \varepsilon$ となる E の分割 $\Delta = \{E_{ij}\}$ があります．この Δ の小矩形から A に含まれる小矩形を集めてきてその和集合を $B = \bigcup_{E_{ij} \subseteq A} E_{ij}$ とします．まず B が面積確定のコンパクト部分集合であることは明らかです．しかも

$$\begin{aligned} s(\Pi_A f;\Delta) &= \sum_{i=1}^{m}\sum_{j=1}^{n} m(\Pi_A f; E_{ij})|E_{ij}| = \sum_{i,j:E_{ij} \subseteq A} m(\Pi_A f; E_{ij})|E_{ij}| \\ &= \sum_{i,j:E_{ij} \subseteq B} m(\Pi_A f; E_{ij})|E_{ij}| = \sum_{i=1}^{m}\sum_{j=1}^{n} m(\Pi_B f; E_{ij})|E_{ij}| \\ &= s(\Pi_B f;\Delta) \le I(f;B) \end{aligned}$$

よって $I(f;A) - \varepsilon < s(\Pi_A f;\Delta) \le I(f;B)$ が得られます．　□

そこで広義積分を以下のように定義しましょう．

■ **定義 3·7·3**（広義積分）　A 上で非負の関数 $f\colon A \to \mathbb{R}$ は任意の $B \in \mathcal{L}_A$ 上で積分可能であるとする．このとき A 上の**広義積分**を

$$\sup\{\, I(f;B) \mid B \in \mathcal{L}_A \,\} \tag{3·21}$$

と定義し，これを $I(f;A)$ と表記する．この値が有限の場合には，f は A 上で**広義積分可能**である，あるいは広義積分が**収束する**という．

広義積分に対してこれまでの積分と同じ記号 $I(f;A)$ を用いる妥当性は補助定理 3·7·2 によります．この定義から，

$$f \text{ は } A \text{ 上で広義積分可能} \Leftrightarrow \{\, I(f;B) \mid B \in \mathcal{L}_A \,\} \text{ は有界}$$

であることがすぐにわかります．

定義 3・7・3 は広義積分の具体的な計算方法を与えていませんが，$B, B' \in \mathcal{L}_A$ で $B \subset B'$ なら $I(f;B) \leq I(f;B')$ ですから，$\mathcal{L}_A$ の中を，部分集合を $B_1 \subset B_2 \subset \cdots \subset B_k \subset \cdots$ と膨らませながらたどっていくと $\lim_{k\to\infty} I(f;B_k)$ が $I(f;A)$ を与えるだろうと期待できます．この極限は部分集合の列 $\{B_k\}_{k\in\mathbb{N}}$ のとり方に依存するようにみえますが，$\{B_k\}_{k\in\mathbb{N}}$ が次に定義する近似増加列なら，そのとり方によらないことが示せます．つまり広義積分を計算するには適当な近似増加列を 1 つだけ用意すれば十分なのです．それでは，近似増加列の定義を与えます．

■ **定義 3・7・4**（近似増加列） A の部分集合の列 $\{B_k\}_{k\in\mathbb{N}}$ が以下の条件を満たすとき A の**近似増加列**という．

a) 任意の $k \in \mathbb{N}$ について $B_k \in \mathcal{L}_A$

b) 任意の $k \in \mathbb{N}$ について $B_k \subset B_{k+1}$

c) A の任意のコンパクト部分集合 B に対して $B \subseteq B_k$ となる $k \in \mathbb{N}$ が存在する．

次の補助定理はのちのち使うものではありませんが，近似増加列とは A の内側からどんどん大きくなり，極限では A を覆ってしまうものだと述べています．

■ **補助定理 3・7・5** $\{B_k\}_{k\in\mathbb{N}}$ を A の近似増加列とすると $A = \bigcup_{k\in\mathbb{N}} B_k$ が成り立つ．

[証明] A の任意の点について，その点からつくられる 1 点集合 $\{\boldsymbol{a}\}$ はコンパクト集合ですから，近似増加列の定義から $\{\boldsymbol{a}\} \subseteq B_k$ となる k があります．よって $A \subseteq \bigcup_{k\in\mathbb{N}} B_k$ です．逆の包含関係は明らかです． □

まず，$\lim_{k\to\infty} I(f;B_k)$ が近似増加列のとり方によらないことを示しましょう．そのために $\{I(f;B_k)\}_{k\in\mathbb{N}}$ が単調非減少数列であることに注意してください．

■ **補助定理 3・7・6** $f\colon A \to \mathbb{R}$ を A 上で非負の関数とし，$\{B_k\}_{k\in\mathbb{N}}$ と $\{C_l\}_{l\in\mathbb{N}}$ を A の近似増加列とする．$\lim_{k\to\infty} I(f;B_k)$ が存在すれば $\lim_{l\to\infty} I(f;C_k)$ も存在し，両者の値は等しい．

[証明] 近似増加列の定義から任意の C_l に対して $C_l \subseteq B_k$ なる B_k が存在します．したがって f の非負性から $I(f;C_l) \leq I(f;B_k) \leq \lim_{k\to\infty} I(f;B_k)$ が得られ，$\{I(f;C_l)\}_{l\in\mathbb{N}}$ が有界で単調非減少であることがわかります．よってその極限が存在し，$\lim_{l\to\infty} I(f;C_l) \leq \lim_{k\to\infty} I(f;B_k)$ を得ます．B_k と C_l を入替えれば，この逆の不等式が得られ，両者の値が等しいこともわかります． □

さて，A 上で広義積分可能な関数 f と近似増加列 $\{B_k\}_{k\in\mathbb{N}}$ が与えられているとき近似増加列上での積分の極限が広義積分に一致することを示しましょう．

■ **定理 3･7･7** $\{B_k\}_{k\in\mathbb{N}}$ を A の任意の近似増加列とする． A 上で非負の関数 f: $A\to\mathbb{R}$ が A 上で広義積分可能である必要十分な条件は $\lim_{k\to\infty} I(f;B_k)$ が存在することである．さらにこのとき

$$I(f;A)=\lim_{k\to\infty} I(f;B_k) \tag{3･22}$$

が成り立つ．

[証明] 十分性を示すために，任意に $B\in\mathcal{L}_A$ をとります．すると近似増加列の定義から $B\subseteq B_k$ となる B_k が存在し，$I(f;B)\leq I(f;B_k)\leq \lim_{k\to\infty} I(f;B_k)$ となるので，$I(f;A)=\sup\{\,I(f;B)\,|\,B\in\mathcal{L}_A\,\}\leq \lim_{k\to\infty} I(f;B_k)$ が得られます．また $I(f;B_k)\leq \sup\{\,I(f;B)\,|\,B\in\mathcal{L}_A\,\}=I(f;A)$ から $\lim_{k\to\infty} I(f;B_k)$ が存在しますので必要性が得られます．このとき $\lim_{k\to\infty} I(f;B_k)\leq I(f;A)$ ですから証明の前半で得られた不等式を組合わせれば定理の等式も示されました． □

式 (3･22) は一方が $+\infty$ の場合に他方も $+\infty$ であるという意味で成立します．

問題 3･7･8 $I(f;A)=+\infty$ となる必要十分な条件が $\lim_{k\to\infty} I(f;B_k)=+\infty$ であることを示しなさい．

定理 3･7･7 と上の問題から，A 上で非負の値をとる関数の広義積分は，任意に近似増加列をもってきて極限 $\lim_{k\to\infty} I(f;B_k)$ を計算すればよいことがわかります．それが $+\infty$ なら広義積分可能でないと結論できますし，収束すればその値が広義積分となります．A 上で非正である関数についても同様の結果が得られます．

■ **例 3･7･9** a) $A=\{\,(x,y)\,|\,0\leq x\leq 1; 0\leq y<x\,\}$ 上で図 3･14 に示した関数 $f(x,y)=1/\sqrt{x-y}$ の広義積分を考えてみます．被積分関数は直線 $y=x$ の近傍上で有界ではありません．そこで $y=x$ の近傍を避けて A の近似増加列をつくります．たとえば

$$B_k=\left\{\,(x,y)\;\middle|\;\frac{1}{k}\leq x\leq 1; 0\leq y\leq x-\frac{1}{k}\,\right\}$$

とすると B_k 上での積分は

$$\begin{aligned}I(f,B_k)&=\int_{1/k}^{1}dx\int_0^{x-1/k}\frac{1}{\sqrt{x-y}}\,dy=-2\int_{1/k}^{1}\left(\frac{1}{\sqrt{k}}-\sqrt{x}\right)dx\\&=2\left(\frac{2}{3}+\frac{1}{3k\sqrt{k}}-\frac{1}{\sqrt{k}}\right)\underset{k\to\infty}{\longrightarrow}\frac{4}{3}\end{aligned}$$

となり $I(f;A)=4/3$ です.

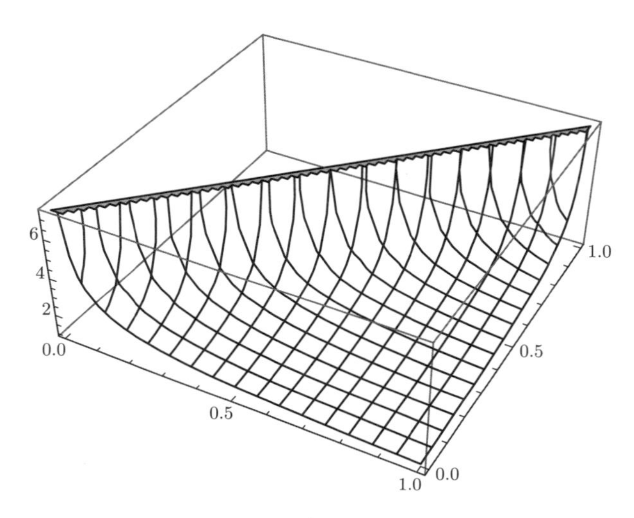

図 3・14 関数 $f(x,y)=1/\sqrt{x-y}$ のグラフ

b) 次に $A=\{(x,y)\,|\,x\geq 0;y\geq 0\}$ 上で図 3・15 の関数 $f(x,y)=1/(1+x+y)^3$ を考えます. $B_k=\{(x,y)\,|\,0\leq x\leq k;0\leq y\leq k\}$ からなる近似増加列を考えると, B_k 上の積分は

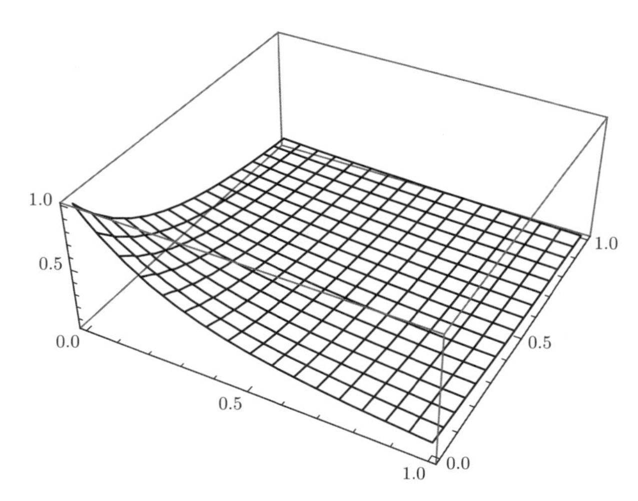

図 3・15 関数 $f(x,y)=1/(x+y+1)^3$ のグラフ

$$I(f;B_k)=\frac{1}{2}\left(\frac{1}{2k+1}-\frac{2}{k+1}+1\right)\underset{k\to\infty}{\longrightarrow}\frac{1}{2}$$

となり $I(f;A)=1/2$ です．

c) 上と同じ A 上で関数 $f(x,y)=1/(1+x^2+y^2)$ の広義積分を考えます．近似増加列 B_k として $B_k=\{(x,y)\,|\,(x,y)\geq(0,0);x^2+y^2\leq k^2\}$ を採用すると後述の変数変換 $(x,y)=(r\cos\theta,r\sin\theta)$ によって

$$\begin{aligned}I(f;B_k)&=\int_0^{\pi/2}d\theta\int_0^k\frac{r}{1+r^2}dr=\frac{\pi}{4}\left[\ln(1+r^2)\right]_{r=0}^{r=k}\\&=\frac{\pi}{4}\ln(1+k^2)\underset{k\to\infty}{\longrightarrow}+\infty\end{aligned}$$

となり，広義積分可能ではありません．

f が A 上で定符号でないときには近似増加列のとり方によって $I(f;B_k)$ の極限が異なることがあることはこの節の初めにみた通りです．定符号でない関数については，関数値が正の部分と負の部分に分けて，

$$f^+(x,y)=\frac{1}{2}(|f(x,y)|+f(x,y)),\quad f^-(x,y)=\frac{1}{2}(|f(x,y)|-f(x,y))$$

と定義します．このとき f^+ も f^- も非負で，$f=f^+-f^-$ と $|f|=f^++f^-$ が成り立ちます．

■ **定義 3·7·10** 関数 $f\colon A\to\mathbb{R}$ について f^+ と f^- が共に A 上で広義積分可能であるとき f は A 上で**広義積分可能**であるといい，その積分 $I(f;A)$ を

$$I(f;A)=I(f^+;A)-I(f^-;A)$$

と定義する．

以上のように定義すると次の定理が得られます．

■ **定理 3·7·11** 関数 $f\colon A\to\mathbb{R}$ が A 上で広義積分可能であることと，その絶対値の関数 $|f|\colon A\to\mathbb{R}$ が A 上で広義積分可能であることは同値である．

[証明] まず，任意の $B\in\mathcal{L}_A$ に対して $I(|f|;B)=I(f^++f^-;B)=I(f^+;B)+I(f^-;B)$ ですから

$$I(|f|;A)\leq I(f^+;A)+I(f^-;A)$$

であること，また $f^+,f^-\leq|f|$ から $I(f^+;B),I(f^-;B)\leq I(|f|;B)$ ですから

$$I(f^+;A),I(f^-;A)\leq I(|f|;A)$$

であることを確認してください．

さて f が A 上で広義積分可能であるとすると $I(f^+;A)<\infty$ かつ $I(f^-;A)<\infty$ ですから，上で確認したことから $I(|f|;A)<\infty$ が得られ，$|f|$ が広義積分可能であることが得られます．逆に $|f|$ が広義積分可能，つまり $I(|f|;A)<\infty$ であるとすると $I(f^+;A), I(f^-;A)<\infty$ となって f^+ と f^- の両者が広義積分可能となり，定義より f が広義積分可能となります． □

この定理は定理というよりは，関数 f の広義積分をその絶対値 $|f|$ が広義積分できる関数に対してだけ定義したのですと述べていると解釈するほうが自然です．その意味で，この節の初めの例 3・7・1 の関数 $f(x,y)=\sin(x^2+y^2)$ のように，$I(f^+;A) =I(f^-;A)=+\infty$ となる関数は広義積分可能でないことになります．

3・8　1 変数関数の変数変換——置換積分

この節は次の節の 2 変数関数の変数変換のための肩慣らしですので，2 変数関数の変数変換をすぐに知りたい読者は読み飛ばしてくださって結構です．

1 変数関数 f の区間 $[a,b]$ 上での積分は C^1–級関数 $\varphi\colon [\alpha,\beta]\to[a,b]$ を用いて

$$\int_{\varphi(\alpha)}^{\varphi(\beta)} f(x)\,dx=\int_{\alpha}^{\beta} f(\varphi(t))\varphi'(t)\,dt \tag{3・23}$$

と計算できます．ここで $a=\varphi(\alpha), b=\varphi(\beta)$ です．置換積分とよばれている上式は，F を f の原始関数とし $G(t)=F(\varphi(t))$ とすると合成関数の微分ルールから $G'(t) =F'(\varphi(t))\varphi'(t)=f(\varphi(t))\varphi'(t)$ がわかりますので微積分の基本定理から

$$\begin{aligned}\int_{\varphi(\alpha)}^{\varphi(\beta)} f(x)dx&=F(\varphi(\beta))-F(\varphi(\alpha))=G(\beta)-G(\alpha)\\&=\int_{\alpha}^{\beta} G'(t)dt=\int_{\alpha}^{\beta} f(\varphi(t))\varphi'(t)dt\end{aligned}$$

と得られます．このように容易に導出できますが，2 変数の変数変換への橋渡しのために，関数 φ の狭義単調性を仮定してリーマン和に戻って式 (3・23) を導いてみます．図 3・16 を見ながら以下の説明を読んでください．

まず，変数 t の区間 $[\alpha,\beta]$ を小区間 $[t_{i-1},t_i]$ $(i=1,2,\ldots,n)$ に分け，各小区間から代表点 η_i を選んでおきます．つまり，$t_{i-1}\leq\eta_i\leq t_i$ です．次に関数 f の区間 $[\varphi(\alpha),\varphi(\beta)]$ での定積分を求めるため，このリーマン和を計算します．その際に，上の小区間の分点 t_i を関数 φ で移した点 $\varphi(t_i)$ を分点 x_i として小区間をつくることにします．φ は狭義単調であると仮定していますから

$$\varphi(\alpha)=\varphi(t_0)<\varphi(t_1)<\cdots<\varphi(t_{i-1})<\varphi(t_i)<\cdots<\varphi(t_n)=\varphi(\beta)$$

となり，$[x_{i-1},x_i]=[\varphi(t_{i-1}),\varphi(t_i)]$ は小区間となります．また，この各小区間から

選ぶ代表点 ξ_i として，$\varphi(\eta_i)$ を採用します．そうすると，$\Xi=\{\xi_i\}_{i=1,2,\dots,n}$ と略記すると，関数 f の区間 $[\varphi(\alpha),\varphi(\beta)]$ でのリーマン和は

$$R(f;\Delta,\Xi)=\sum_{i=1}^{n} f(\xi_i)(x_i-x_{i-1})=\sum_{i=1}^{n} f(\varphi(\eta_i))\,(\varphi(t_i)-\varphi(t_{i-1})) \qquad (3\cdot 24)$$

となります．ここで，Δ は分点 x_i を用いた区間 $[\varphi(\alpha),\varphi(\beta)]$ の分割です．

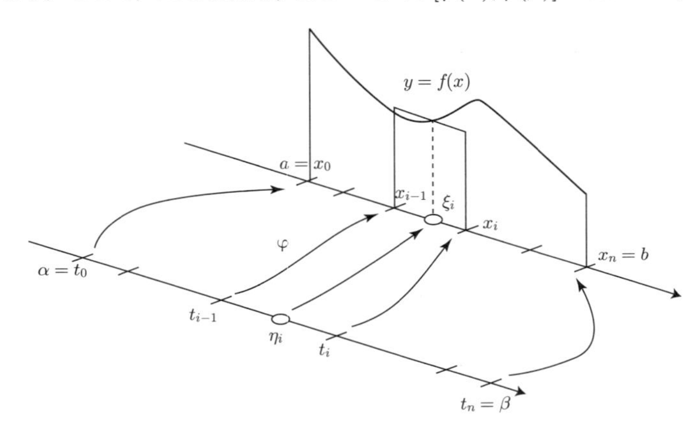

図 3・16 φ による変数変換とリーマン和のとり方

$\varphi(t_i)-\varphi(t_{i-1})$ に対して微分の平均値の定理を用いると，各 i に対して

$$\varphi(t_i)-\varphi(t_{i-1})=\varphi'(t_{i-1}+\theta_i(t_i-t_{i-1}))(t_i-t_{i-1})$$

となる $0<\theta_i<1$ を満たす θ_i が存在します．この右辺をリーマン和に代入すると

$$R(f;\Delta,\Xi)=\sum_{i=1}^{n} f(\varphi(\eta_i))\varphi'(t_{i-1}+\theta_i(t_i-t_{i-1}))(t_i-t_{i-1})$$

が得られます．ここに φ の微分が登場し，$(\varphi(t_i)-\varphi(t_{i-1}))$ が $\varphi'(t_{i-1}+\theta_i(t_i-t_{i-1}))(t_i-t_{i-1})$ に置き換わっていることを記憶にとどめておいてください．$t_{i-1}+\theta_i(t_i-t_{i-1})$ と η_i は同じ小区間 $[t_{i-1},t_i]$ にあるので，式をみやすくするために，$\eta_i'=t_{i-1}+\theta_i(t_i-t_{i-1})$ と書くと，上式は

$$R(f;\Delta,\Xi)=\sum_{i=1}^{n}\Big(f(\varphi(\eta_i))\varphi'(\eta_i')\Big)(t_i-t_{i-1})$$

と書けます．これは一見して $f(\varphi(\cdot))\varphi'(\cdot)$ のリーマン和のようにみえますが，実は η_i と η_i' は同じ点とは限らないので，厳密には $f(\varphi(\cdot))\varphi'(\cdot)$ のリーマン和ではないことに注意してください．$f(\varphi(\cdot))\varphi'(\cdot)$ の厳密なリーマン和は $\sum_{i=1}^{n}\big(f(\varphi(\eta_i))\varphi'(\eta_i)\big)(t_i-t_{i-1})$ ですから，確かに微妙に異なっています．しかし，変数 t の区間 $[\alpha,\beta]$ の分割を細

かくして，$|t_i - t_{i-1}| \to 0$ としたときの両者の極限は同じであることがいえます．変数 t の区間 $[\alpha, \beta]$ の分割を細かくすれば，上式から

$$R(f; \Delta, \Xi) \to \int_{\alpha}^{\beta} f(\varphi(t))\varphi'(t)\,dt$$

となります．一方，関数 φ の連続性から，分割 Δ も細かくなり，$\rho(\Delta) \to 0$ となりますので，そもそもの $R(f; \Delta, \Xi)$ の定義式 (3・24) より

$$R(f; \Delta, \Xi) \to \int_{\varphi(\alpha)}^{\varphi(\beta)} f(x)\,dx$$

となり，結局

$$\int_{\varphi(\alpha)}^{\varphi(\beta)} f(x)\,dx = \int_{\alpha}^{\beta} f(\varphi(t))\varphi'(t)\,dt$$

が得られました．

以上の議論で重要だったのは 2 つの小区間 $[t_{i-1}, t_i]$ と $[\varphi(t_{i-1}), \varphi(t_i)]$ の長さの比 $(\varphi(t_i) - \varphi(t_{i-1}))/(t_i - t_{i-1})$ が小区間 $[t_{i-1}, t_i]$ の点 η_i' での φ の微分係数で

$$\frac{\varphi(t_i) - \varphi(t_{i-1})}{t_i - t_{i-1}} = \varphi'(\eta_i') \tag{3・25}$$

と表されることでした．以上のことを頭において次の節では 2 変数関数の定積分における変数変換を考えてみましょう．

3・9　2 変数関数の変数変換

この節では $\mathbb{R}^2$ の有界で面積の確定する領域を A として，連続関数 $f\colon A \to \mathbb{R}$ の A 上の積分 $I(f; A)$ を考えます．A とは別に矩形 $E = [a, b] \times [c, d] \subseteq \mathbb{R}^2$ があり，その各点 (u, v) が

$$(x, y) = \bigl(\varphi(u, v), \psi(u, v)\bigr)$$

によって A の点 (x, y) に 1 対 1 に対応している状況を想定します．図 3・17 のような状況です．興味の対象はどのような関数 g が $I(f; A) = I(g; E)$ を成り立たせるか，つまり

$$?\, g : I(f; A) = I(g; E)$$

です．もちろん関数 g は f と $\bigl(\varphi, \psi\bigr)$ からつくられるのですが，g と E が得られれば $I(g; E) = \iint_E g(u, v)\,dudv$ の計算は適当な仮定の下で累次積分 $\int_a^b du \int_c^d g(u, v)\,dv$ で計算できることになります．

ここで変換 $\bigl(\varphi, \psi\bigr)\colon E \to A$ に想定している条件は

a)　(φ,ψ) は A の上への写像である[1)]

b)　(φ,ψ) は 1 対 1 の写像，つまり単射である[2)]

c)　関数 φ と ψ は C^1–級関数である

です.

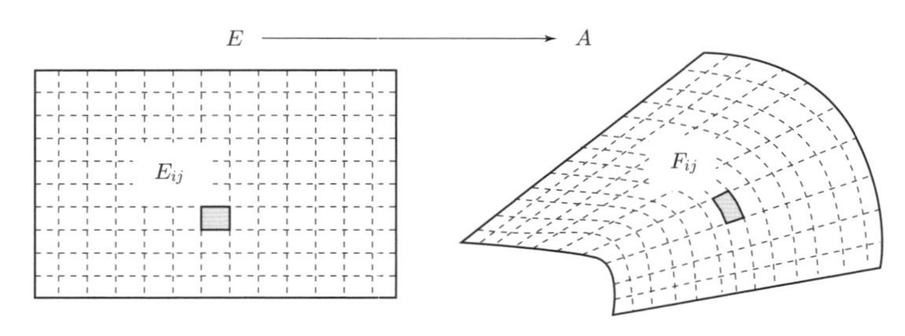

図 3・17　$(\varphi,\psi)\colon E\to A$

■ **定義 3·9·1**（ヤコビ行列とヤコビアン）　φ と ψ の偏導関数を要素にもつ行列

$$\begin{bmatrix}\varphi_u(u,v) & \varphi_v(u,v)\\ \psi_u(u,v) & \psi_v(u,v)\end{bmatrix}$$

を (φ,ψ) の**ヤコビ行列**といい，その行列式

$$J(u,v)=\det\begin{bmatrix}\varphi_u(u,v) & \varphi_v(u,v)\\ \psi_u(u,v) & \psi_v(u,v)\end{bmatrix}=\varphi_u(u,v)\psi_v(u,v)-\varphi_v(u,v)\psi_u(u,v)$$

を (φ,ψ) の**ヤコビアン**という[3)]．ここで $\det[\ \cdot\ ]$ は行列式を示す.

前節の 1 変数関数の変数変換の議論から類推できるように，矩形 E の分割を構成する小矩形の面積と，その (φ,ψ) による像の面積の比が重要になります．そこで，矩形 E の分割をつくることから始めます．u と v の両軸を m 等分して得られる E の分割を $\Delta=\{\,E_{ij}\,|\,i,j=1,2,\ldots,m\,\}$ とし，その小矩形の u 軸と v 軸方向の辺の長さをそれぞれ

$$h=\frac{b-a}{m},\quad k=\frac{d-c}{m}$$

と表すことにします．どの小矩形についても面積は $|E_{ij}|=hk$ となります．小矩形の 1 つ $E_{ij}=[u_{i-1},u_i]\times[v_{j-1},v_j]$ に注目し，記号の煩雑さを避けるために $\underline{u}=u_{i-1}$,

1) (φ,ψ) による E の像が A と一致することです.
2) $(u,v)\neq(u',v')$ なら $(\varphi(u,v),\psi(u,v))\neq(\varphi(u',v'),\psi(u',v'))$ です.
3) ヤコビアンは (φ,ψ) によって決まりますから本来は $J_{(\varphi,\psi)}(u,v)$ とでも書くべきですが，添字 (φ,ψ) を省略します.

$\underline{v}=v_{j-1}$ と表記します．つまり

$$E_{ij}=[\underline{u},\underline{u}+h]\times[\underline{v},\underline{v}+k]$$

です．また (φ,ψ) による E_{ij} の像を

$$F_{ij}=\left\{\,(x,y)\,|\,\exists(u,v)\in E_{ij}:(x,y)=\bigl(\varphi(u,v),\psi(u,v)\bigr)\,\right\} \tag{3・26}$$

で表しておきます．$\bigl(\varphi,\psi\bigr)$ に対して想定した条件 a)〜c) に加えてさらに

d)　ヤコビアン $J(u,v)$ は E 上でゼロにならない

ことを仮定します．関数 φ と ψ は C^1–級ですからヤコビ行列の要素は (u,v) の連続関数であり，よってヤコビアン $J(u,v)$ も (u,v) の連続関数となります．矩形 E は連結ですから，E 上で $J(u,v)\neq 0$ であるとの仮定 d) は結局ヤコビアン $J(u,v)$ が E 上でずっと正であるか，あるいはずっと負であるか，つまり一定符号であると仮定していることになります．この仮定は前節の φ が狭義単調であるとの仮定に対応しています．この仮定の下で式 (3・26) の F_{ij} の境界は E_{ij} の境界の像と一致し，F_{ij} は面積確定となります[1)]．そこでその面積をこれまでの記号を流用して $|F_{ij}|$ で表すことにします．φ と ψ は C^1–級ですから，E がコンパクトであることを使うとその偏導関数は E 上で有界です．そこで $\mu>0$ を

$$\max\left\{\begin{array}{l}\sup_{(u,v)\in E}|\varphi_u(u,v)|\\ \sup_{(u,v)\in E}|\varphi_v(u,v)|\\ \sup_{(u,v)\in E}|\psi_u(u,v)|\\ \sup_{(u,v)\in E}|\psi_v(u,v)|\end{array}\right\}\leq\mu \tag{3・27}$$

なる値とします．また偏導関数はどれも E 上で一様連続であることも覚えておいてください．1 変数の変数変換でみたように，小矩形 E_{ij} の面積とその像 F_{ij} の面積の比 $|F_{ij}|/|E_{ij}|$ が重要な役割を演じます．そこでこの比を評価することを目指します．

関数 φ と ψ について E_{ij} の頂点 $(\underline{u},\underline{v})$ と E_{ij} の点 (u,v) に対して平均値の定理を用いると，

$$\begin{aligned}x&=\varphi(u,v)=\varphi(\underline{u},\underline{v})+\varphi_u(u',v')(u-\underline{u})+\varphi_v(u',v')(v-\underline{v})\\ y&=\psi(u,v)=\psi(\underline{u},\underline{v})+\psi_u(u'',v'')(u-\underline{u})+\psi_v(u'',v'')(v-\underline{v})\end{aligned}$$

となる (u',v') と (u'',v'') が 2 点 $(\underline{u},\underline{v})$ と (u,v) をつなぐ線分上に存在します．行

---

1) 証明はたとえば，小平邦彦，“解析入門Ⅱ”，岩波書店（2004）の §7.3，杉浦光夫，“解析入門Ⅱ”，東京大学出版会（2012）の第 7 章 §3，赤 攝也，“積分学”，日本評論社（2014）の第 17 回，あるいは三村征雄，“微積分学Ⅱ”，岩波全書（1976）の第 16 章を参照してください．

列を用いて書けば

$$\begin{bmatrix} x \\ y \end{bmatrix} = \begin{bmatrix} \varphi(\underline{u},\underline{v}) \\ \psi(\underline{u},\underline{v}) \end{bmatrix} + \begin{bmatrix} \varphi_u(u',v') & \varphi_v(u',v') \\ \psi_u(u'',v'') & \psi_v(u'',v'') \end{bmatrix} \begin{bmatrix} u-\underline{u} \\ v-\underline{v} \end{bmatrix} \tag{3・28}$$

となります．ここで (u,v) が動けば (u',v') も (u'',v'') もそれに応じて動きますが，$(u',v'),(u'',v'')\in E_{ij}$ であることに注意してください．この式 (3・28) の (u',v') と (u'',v'') を共に小矩形 E_{ij} の頂点 $(\underline{u},\underline{v})$ で置き換えて (s,t) を

$$\begin{bmatrix} s \\ t \end{bmatrix} = \begin{bmatrix} \varphi(\underline{u},\underline{v}) \\ \psi(\underline{u},\underline{v}) \end{bmatrix} + \begin{bmatrix} \varphi_u(\underline{u},\underline{v}) & \varphi_v(\underline{u},\underline{v}) \\ \psi_u(\underline{u},\underline{v}) & \psi_v(\underline{u},\underline{v}) \end{bmatrix} \begin{bmatrix} u-\underline{u} \\ v-\underline{v} \end{bmatrix} \tag{3・29}$$

と定義します．右辺 1 項目のベクトルと 2 項目の行列はそれぞれ定数ベクトル，定数行列ですから，(s,t) は (u,v) のアフィン関数となります．しかも仮定から $J(\underline{u},\underline{v})\neq 0$ ですから，(u,v) が矩形 E_{ij} の中を動いたときの (s,t) の全体は平行四辺形をつくりますので，この平行四辺形を H_{ij} と表します．実際 E_{ij} の 4 頂点は下に示したように H_{ij} の 4 頂点に移されます．

E_{ij} の頂点		H_{ij} の頂点
$(\underline{u},\underline{v})$	$\longrightarrow$	$\bigl(\varphi(\underline{u},\underline{v}),\psi(\underline{u},\underline{v})\bigr)$
$(\underline{u}+h,\underline{v})$	$\longrightarrow$	$\bigl(\varphi(\underline{u},\underline{v}),\psi(\underline{u},\underline{v})\bigr)+h\bigl(\varphi_u(\underline{u},\underline{v}),\psi_u(\underline{u},\underline{v})\bigr)$
$(\underline{u},\underline{v}+k)$	$\longrightarrow$	$\bigl(\varphi(\underline{u},\underline{v}),\psi(\underline{u},\underline{v})\bigr)+k\bigl(\varphi_v(\underline{u},\underline{v}),\psi_v(\underline{u},\underline{v}')\bigr)$
$(\underline{u}+h,\underline{v}+k)$	$\longrightarrow$	$\bigl(\varphi(\underline{u},\underline{v}),\psi(\underline{u},\underline{v})\bigr)+h\bigl(\varphi_u(\underline{u},\underline{v}),\psi_u(\underline{u},\underline{v})\bigr)$
		$+k\bigl(\varphi_v(\underline{u},\underline{v}),\psi_v(\underline{u},\underline{v}')\bigr)$

さらに H_{ij} の面積を $|H_{ij}|$ で表すと，線形代数の知識から

$$|H_{ij}| = \left| \det \begin{bmatrix} \varphi_u(\underline{u},\underline{v}) & \varphi_v(\underline{u},\underline{v}) \\ \psi_u(\underline{u},\underline{v}) & \psi_v(\underline{u},\underline{v}) \end{bmatrix} \right| \cdot hk \tag{3・30}$$

となることがわかります[1]．ここで行列式 $\det[\ \cdot\ ]$ を囲む $|\cdot|$ は絶対値記号です．hk が E_{ij} の面積だったことを思い出してヤコビアンの記号 $J(u,v)$ を用いれば，上式 (3・30) は

$$|H_{ij}| = |J(\underline{u},\underline{v})| \cdot |E_{ij}| \tag{3・31}$$

と述べています．

■ 補助定理 3・9・2 任意の $\varepsilon>0$ に対して，十分大きな分割数 $m\in\mathbb{N}$ を用いて E の分割 $\{E_{ij}\}$ をつくれば

1) たとえば，赤 攝也，“積分学”，日本評論社（2014）を見てください．

$$\Big||F_{ij}|-|H_{ij}|\Big|<|E_{ij}|\varepsilon \tag{3・32}$$

がすべての小矩形 E_{ij} について成り立つ[1)].

[証明]　天下り的ですが，式 (3・27) を満たす定数 μ に対して

$$\gamma=8\Big(2+\frac{b-a}{d-c}+\frac{d-c}{b-a}\Big)\mu$$

とします．$(b-a)/(d-c)$ と $(d-c)/(b-a)$ は矩形 E の縦横比とその逆数ですから，E が正方形なら $\gamma=32\mu$ です．

さて $\varepsilon>0$ が任意に与えられたとします．φ と ψ の偏導関数は E 上で一様連続でしたから，E の両軸の分割数 $m\in\mathbb{N}$ を十分大きくとると (3・28) と (3・29) の両式の行列

$$\begin{bmatrix}\varphi_u(u',v') & \varphi_v(u',v')\\ \psi_u(u'',v'') & \psi_v(u'',v'')\end{bmatrix},\qquad \begin{bmatrix}\varphi_u(\underline{u},\underline{v}) & \varphi_v(\underline{u},\underline{v})\\ \psi_u(\underline{u},\underline{v}) & \psi_v(\underline{u},\underline{v})\end{bmatrix}$$

の対応する要素同士の差を ε/γ 未満に抑えることができます．したがって両式の (x,y) と (s,t) について

$$\begin{aligned}|x-s|=&|(\varphi(\underline{u},\underline{v})+\varphi_u(u',v')(u-\underline{u})+\varphi_v(u',v')(v-\underline{v}))\\ &-(\varphi(\underline{u},\underline{v})+\varphi_u(\underline{u},\underline{v})(u-\underline{u})+\varphi_v(\underline{u},\underline{v})(v-\underline{v}))|\\ \le&|\varphi_u(u',v')-\varphi_u(\underline{u},\underline{v})||u-\underline{u}|+|\varphi_v(u',v')-\varphi_v(\underline{u},\underline{v})||v-\underline{v}|\\ <&\frac{\varepsilon}{\gamma}h+\frac{\varepsilon}{\gamma}k=\frac{\varepsilon}{\gamma}(h+k)\end{aligned}$$

同様に

$$|y-t|<\frac{\varepsilon}{\gamma}(h+k)$$

となり，よって

$$\|(x,y)-(s,t)\|<\sqrt{2}\frac{\varepsilon}{\gamma}(h+k)$$

が得られます．平行四辺形 H_{ij} の各辺について $\sqrt{2}(\varepsilon/\gamma)(h+k)$ だけ外側と内側に平行な線を引いて H_{ij} を含む平行四辺形と，それに含まれる平行四辺形を描けば，図 3・18 にあるように F_{ij} の境界はこの 3 つの平行四辺形の挟む帯 L_{ij}（図の灰色の部分）に含まれます．したがって

$$\Big||F_{ij}|-|H_{ij}|\Big|\le|L_{ij}| \tag{3・33}$$

1）左辺の外側の記号 $|\cdot|$ は絶対値記号で，F_{ij}，H_{ij}，E_{ij} を囲んでいる記号 $|\cdot|$ は面積を表す記号です．

です．ここで H_{ij} の周長を l とすると，帯の面積 $|L_{ij}|$ は $2\sqrt{2}(\varepsilon/\gamma)(h+k)l$ を超えません．しかも

$$\begin{aligned} l &\leq 2\big(\|(\varphi_u(\underline{u},\underline{v})h, \psi_u(\underline{u},\underline{v})h)\| + \|(\varphi_v(\underline{u},\underline{v})k, \psi_v(\underline{u},\underline{v})k)\|\big) \\ &\leq 2(\sqrt{2}\mu h + \sqrt{2}\mu k) = 2\sqrt{2}\mu(h+k) \end{aligned}$$

ですから，

$$|L_{ij}| \leq 2\sqrt{2}\frac{\varepsilon}{\gamma}(h+k) \times 2\sqrt{2}\mu(h+k) = \frac{8\mu}{\gamma}(h+k)^2\varepsilon$$

です．ここで

$$(h+k)^2 = hk\Big(\frac{h}{k}+2+\frac{k}{h}\Big) = hk\Big(\frac{b-a}{d-c}+2+\frac{d-c}{b-a}\Big) = \frac{\gamma}{8\mu}hk$$

に注意すれば

$$|L_{ij}| < hk\varepsilon = |E_{ij}|\varepsilon$$

を得ます．この式と式 (3･33) から補助定理の主張が導かれます．　□

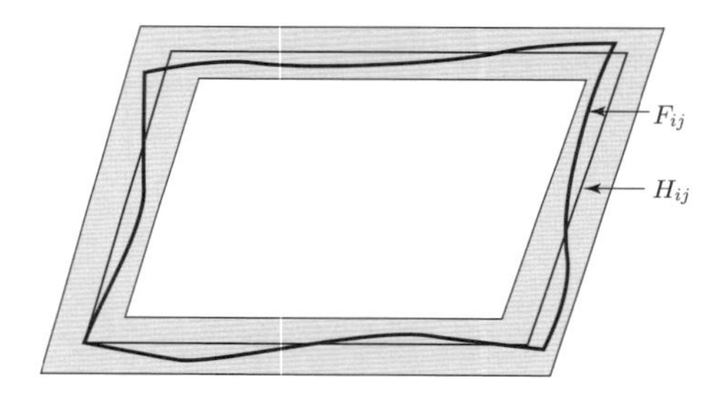

図 3・18　E_{ij} の像 F_{ij} と平行四辺形 H_{ij}

式 (3･31) と式 (3･32) をまとめると任意の $\varepsilon>0$ に対して分割数 m を十分大きくすれば

$$\Big||F_{ij}| - |J(\underline{u},\underline{v})||E_{ij}|\Big| < |E_{ij}|\varepsilon \qquad (3\cdot 34)$$

とできることがわかりました．両辺を $|E_{ij}|$ で割れば

$$\left|\frac{|F_{ij}|}{|E_{ij}|} - |J(\underline{u},\underline{v})|\right| < \varepsilon$$

ですから，矩形 E_{ij} の面積とその像 F_{ij} の面積の比 $|F_{ij}|/|E_{ij}|$ がおおよそ $(\underline{u},\underline{v}) \in E_{ij}$ でのヤコビアンの絶対値 $|J(\underline{u},\underline{v})|$ で与えられると述べていることがわかります．ではリーマン和を用いて以下に変数変換の定理を示します．

■ 定理 3・9・3（変数変換定理）　$f\colon A\to\mathbb{R}$ を面積確定有界集合 A 上の連続関数，$(x,y)=(\varphi(u,v),\psi(u,v))$ を矩形 E から A の上への 1 対 1 の C^1–級関数で，そのヤコビアン $J\colon E\to\mathbb{R}$ は E 上でゼロにならないものとする．このとき

$$I(f(\varphi,\psi)|J|;E)=I(f;A) \tag{3・35}$$

が成り立つ．

上式 (3・35) は積分記号を用いれば

$$\iint_E f\bigl(\varphi(u,v),\psi(u,v)\bigr)|J(u,v)|\,dudv=\iint_A f(x,y)\,dxdy \tag{3・36}$$

と書くことができます．

[証明]　f は A 上で有界ですから，$M=\sup_{(x,y)\in A}|f(x,y)|$ は有限値です．$M=0$ なら f は A 上で恒等的にゼロですから，定理の主張は自明になりますので，$M>0$ の場合を考えます．$\varepsilon>0$ を任意に与えられた正の実数とし，$\varepsilon/M|E|$ に対して前掲の補助定理 3・9・2 を用いれば

$$\Bigl||F_{ij}|-|H_{ij}|\Bigr|<|E_{ij}|\frac{\varepsilon}{M|E|}$$

を満たす分割数 m の E の分割 $\Delta=\{E_{ij}\}$ が存在します．その分割の小矩形 E_{ij} の代表点として (u_{i-1},v_{j-1}) を採用し，F_{ij} の代表点として $(\varphi(u_{i-1},v_{j-1}),\psi(u_{i-1},v_{j-1}))$ を採用すれば，式 (3・31) から $f(\varphi,\psi)|J|$ の E 上のリーマン和と f の A 上のリーマン和の差は

$$\begin{aligned}
&\Bigl|\sum_{i=1}^{m}\sum_{j=1}^{m}f\bigl(\varphi(u_{i-1},v_{j-1}),\psi(u_{i-1},v_{j-1})\bigr)|J(u_{i-1},v_{j-1})||E_{ij}|\\
&\qquad-\sum_{i=1}^{m}\sum_{j=1}^{m}f\bigl(\varphi(u_{i-1},v_{j-1}),\psi(u_{i-1},v_{j-1})\bigr)|F_{ij}|\Bigr|\\
&=\Bigl|\sum_{i=1}^{m}\sum_{j=1}^{m}f\bigl(\varphi(u_{i-1},v_{j-1}),\psi(u_{i-1},v_{j-1})\bigr)\bigl(|J(u_{i-1},v_{j-1})||E_{ij}|-|F_{ij}|\bigr)\Bigr|\\
&\le\sum_{i=1}^{m}\sum_{j=1}^{m}\Bigl|f\bigl(\varphi(u_{i-1},v_{j-1}),\psi(u_{i-1},v_{j-1})\bigr)\Bigr|\Bigl||J(u_{i-1},v_{j-1})||E_{ij}|-|F_{ij}|\Bigr|\\
&\le M\sum_{i=1}^{m}\sum_{j=1}^{m}\Bigl||H_{ij}|-|F_{ij}|\Bigr|<M\sum_{i=1}^{m}\sum_{j=1}^{m}|E_{ij}|\frac{\varepsilon}{M|E|}=\varepsilon
\end{aligned}$$

となります．ここで分割の個数 m を $m\to\infty$ とすれば最左辺の絶対値記号に挟まれた 2 つのリーマン和はそれぞれ対応する積分に収束し，

$$\left|I(f(\varphi,\psi)|J|;E)-I(f;A)\right|\leq\varepsilon$$

が得られます．ここでεが任意だったことを思い起こすと，$I(f(\varphi,\psi)|J|;E)=I(f;A)$が得られて証明が終わります． □

上の定理は次の定理まで拡張できます．主張だけ述べておきますので証明は脚注の文献を参照してください[1)]．

■ **定理 3·9·4**（変数変換定理） A と B を $\mathbb{R}^2$ の面積確定コンパクト集合，$N\subseteq B$ を零集合とする．$f\colon A\to\mathbb{R}$ を A 上の連続関数，(φ,ψ) を B から A の上への C^1–級関数で $B\setminus N$ 上で 1 対 1 で，しかも $B\setminus N$ 上でそのヤコビアン J はゼロにならないとする．このとき

$$I(f(\varphi,\psi)|J|;B)=I(f;A) \tag{3·37}$$

が成り立つ．

この定理は，(φ,ψ) の定義域が矩形でなくてもよい点と，零集合を除いたところで 1 対 1 でヤコビアンが非ゼロあればよい点の 2 点で前の定理よりも拡張されおり，そのおかげで使い勝手のよいものになっています．

■ **例 3·9·5** 図 3·19 に示した関数 $f(x,y)=(x+y)(x-y)$ の図 3·20 の $A=\{(x,y)\mid 0\leq x+y\leq 1; 0\leq x-y\leq 2\}$ 上の積分を計算します．A は $x+y$ と $x-y$ を上下から抑えた不等式で定義されていますから，$u=x+y, v=x-y$ とおくと u と v の動く範囲は $0\leq u\leq 1$ と $0\leq v\leq 2$ つまり矩形 $[0,1]\times[0,2]$ となります．この変換を与える φ,ψ はこの式を x,y に関して解き出すことによって

$$x=\varphi(u,v)=\frac{1}{2}(u+v),\quad y=\psi(u,v)=\frac{1}{2}(u-v)$$

とわかり，ヤコビアンは $J(u,v)=\left(\frac{1}{2}\right)\left(-\frac{1}{2}\right)-\left(\frac{1}{2}\right)\left(\frac{1}{2}\right)=-\frac{1}{2}$ となります．また $f(\varphi(u,v),\psi(u,v))=uv$ ですから

$$\begin{aligned}\iint_A (x+y)(x-y)\,dxdy&=\iint_E uv\left|-\frac{1}{2}\right|dudv=\frac{1}{2}\int_0^1 du\int_0^2 uv\,dv\\&=\frac{1}{2}\int_0^1\left[\frac{1}{2}uv^2\right]_{v=0}^{v=2}du=\int_0^1 u\,du=\left[\frac{1}{2}u^2\right]_{u=0}^{u=1}=\frac{1}{2}\end{aligned}$$

と計算されます．

---

1) 証明はたとえば，杉浦光夫，“解析入門 II”，東京大学出版会（2012）の第 7 章 §4，あるいは E. Haire & G. Wanner, *Analysis by Its History*, Springer-Verlag, New York (1996)，蟹江幸博訳，“解析教程”，シュプリンガー・ジャパンの下巻第Ⅳ章を見てください．

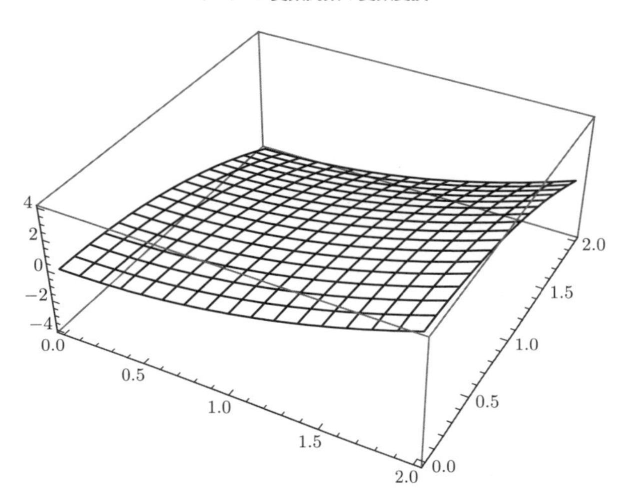

図 3・19　関数 $f(x,y)=(x+y)(x-y)$ のグラフ

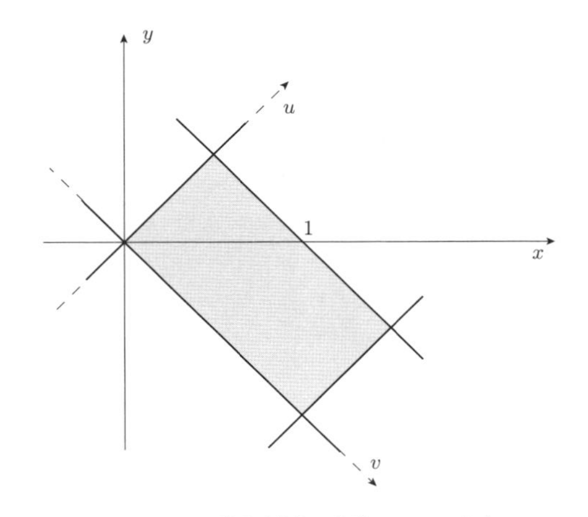

図 3・20　積分領域と変数 u,v の意味

問題 3・9・6　$A=\{(x,y)\,|\,0\le 2x+y\le 1;\ -1\le x-2y\le 0\}$ 上での $f(x,y)=x$ の積分を求めなさい．まず $u=2x+y, v=x-2y$ としたとき A がこの変換によって (u,v) のどのような領域に移されるかを考え，ついでこの変換の逆変換を求めなさい．

■ **例 3・9・7**　角度 θ に対して 2 つの半径を決める連続関数 $p(\theta), q(\theta)$ と定数 a,b によって決まる図形（図 3・21）

$$A=\{(x,y)\,|\,x=r\cos\theta;y=r\sin\theta;a\le\theta\le b;p(\theta)\le r\le q(\theta)\}$$

の面積を計算するためには A 上で定数 1 をとる関数の A 上での積分 $\iint_A 1\,dxdy$ を計算すればよいことになります．ここでは任意の $\theta\in[a,b]$ で $0<p(\theta)<q(\theta)$ としておきます．変数変換として x,y の極座標表現 $x=\varphi(r,\theta)=r\cos\theta, y=\psi(r,\theta)=r\sin\theta$ を用いれば，$p(\theta)>0$ よりこれは $B=\{(r,\theta)\,|\,p(\theta)\le r\le q(\theta);a\le\theta\le b\}$ から A の上への 1 対 1 の C^1–級関数となり，しかもそのヤコビアンは

$$\begin{aligned}J(r,\theta)&=\varphi_r(r,\theta)\psi_\theta(r,\theta)-\varphi_\theta(r,\theta)\psi_r(r,\theta)\\&=r\cos^2\theta+r\sin^2\theta=r(\cos^2\theta+\sin^2\theta)=r\end{aligned}$$

となり，$r\ge p(\theta)>0$ より $J(r,\theta)>0$ です．ですから面積は

$$\begin{aligned}\iint_A 1\,dxdy&=\iint_B |J(r,\theta)|\,drd\theta=\iint_B r\,drd\theta=\int_a^b d\theta\int_{p(\theta)}^{q(\theta)} r\,dr\\&=\int_a^b\left[\frac{1}{2}r^2\right]_{r=p(\theta)}^{r=q(\theta)}d\theta=\frac{1}{2}\int_a^b(q^2(\theta)-p^2(\theta))\,d\theta\end{aligned}$$

で与えられます．

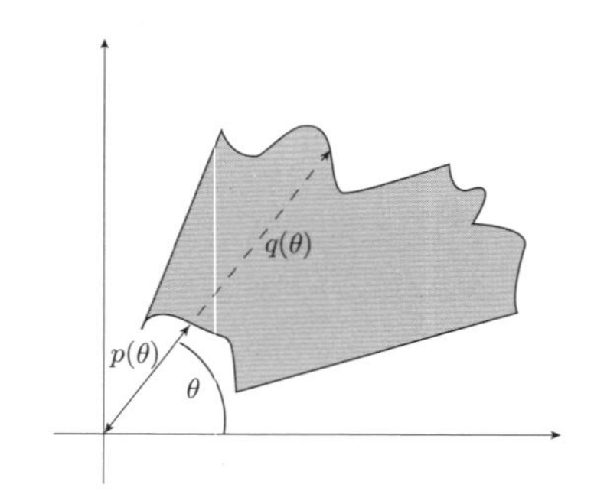

図 3・21 $p(\theta)$ と $q(\theta)$ が決める扇形の面積

この例では関数 p が任意の $\theta\in[a,b]$ で $p(\theta)>0$ でしたから上記の変数変換 (φ,ψ) は B から A の上への 1 対 1 対応を与えました．しかし，たとえば $p(\theta)$ が恒等的にゼロなら $\{(0,\theta)\,|\,a\le\theta\le b\}$ のどの点も (φ,ψ) で原点に移されますので，この場合には B から A への 1 対 1 対応になっていません．しかし零集合

$$N=\{(0,\theta)\,|\,a\le\theta\le b\}$$

を B から除いたところでは 1 対 1 対応で，しかもヤコビアンもゼロにはなりません．ですから定理 3·9·4 によって $p(\theta)=0$ の場合でも上記の計算の妥当性が保証さ

れます.

さらに原点中心の半径 a の円盤

$$A=\{(x,y)\,|\,x^2+y^2\leq a^2\}$$

に対して同じ変数変換を用いる場合には

$$B=\{(r,\theta)\,|\,0\leq r\leq a;0\leq\theta\leq 2\pi\}$$

$$N=\{(0,\theta)\,|\,0\leq\theta\leq 2\pi\}\cup\{(r,2\pi)\,|\,0\leq r\leq a\}$$

とすればやはり定理 3･9･4 が適用できます（図 3･22).

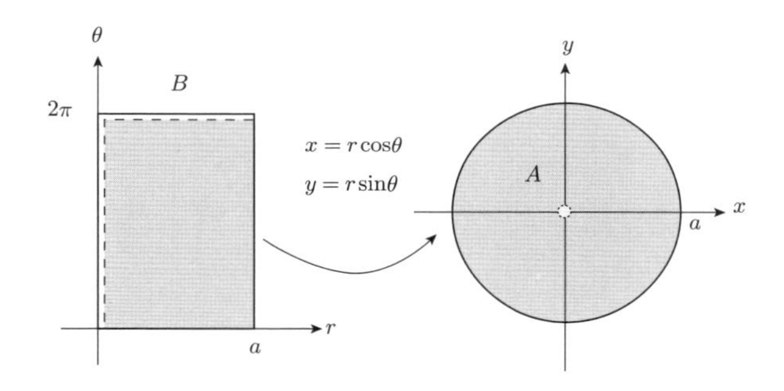

図 3・22　1 対 1 に対応する領域

■ **例 3･9･8**　図 3･23 に示した関数の $A=[0,+\infty)\times[0,+\infty)$ 上の積分

$$\iint_A e^{-x^2-y^2}\,dxdy$$

を計算してみます．被積分関数は積分領域上で非負ですから広義積分を計算します．近似増加列として原点中心の半径 k の 4 分の 1 円 $A_k=\{(x,y)\,|\,x\geq 0;y\geq 0;x^2+y^2\leq k^2\}$ をとります．$B_k=\{(r,\theta)\,|\,0\leq r\leq k;0\leq\theta\leq\pi/2\}$ とすれば $\varphi(r,\theta)=r\cos\theta$, $\psi(r,\theta)=r\sin\theta$ なる変数変換によって

$$\iint_{A_k} e^{-x^2-y^2}\,dxdy=\iint_{B_k} e^{-r^2}\,r\,drd\theta$$

となります．被積分関数の最後に現れている r はヤコビアンの絶対値 $|J(r,\theta)|$ です．右辺を計算すると

$$\begin{aligned}\iint_{B_k} e^{-r^2}\,r\,drd\theta&=\int_0^{\pi/2}d\theta\int_0^k e^{-r^2}\,r\,dr\\&=\int_0^{\pi/2}\frac{1}{2}(1-e^{-k^2})d\theta=\frac{\pi}{4}(1-e^{-k^2})\underset{k\to\infty}{\longrightarrow}\frac{\pi}{4}\end{aligned}$$

となります.

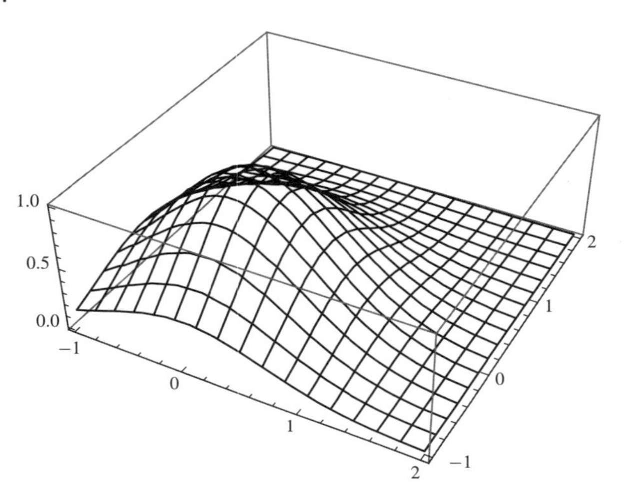

図 3・23　関数 $f(x,y)=e^{-x^2-y^2}$ のグラフ

■ **例 3・9・9**　上の結果を使って 1 変数の積分 $\int_{-\infty}^{+\infty} e^{-x^2}dx$ を計算しましょう. $I_k = \int_0^k e^{-x^2}dx$ とすると, 系 3・5・5 から

$$\int_0^k \int_0^k e^{-x^2-y^2}dxdy = \int_0^k \int_0^k e^{-x^2}e^{-y^2}dxdy$$
$$= \int_0^k e^{-x^2}dx \int_0^k e^{-y^2}dy = (I_k)^2$$

が成り立ちますので, 近似増加列として $A'_k = \{(x,y)\,|\,0 \le x \le k; 0 \le y \le k\}$ をとり, $\lim_{k\to\infty} \iint_{A'_k} e^{-x^2-y^2}dxdy$ を求めれば, $\lim_{k\to\infty}(I_k)^2$ が得られます. 前の例ですでに近似増加列 $A_k = \{(x,y)\,|\,x \ge 0; y \ge 0; x^2+y^2 \le k^2\}$ に対して $\lim_{k\to\infty} \iint_{A_k} e^{-x^2-y^2}dxdy = \pi/4$ がわかっていますから, 補助定理 3・7・6 より, 近似増加列 A'_k に沿った積分も同じ値に収束し

$$\lim_{k\to\infty}(I_k)^2 = \frac{\pi}{4}$$

が得られ, 最終的に

$$\int_{-\infty}^{+\infty} e^{-x^2}dx = \lim_{k\to+\infty}\int_{-k}^{+k} e^{-x^2}dx = 2\lim_{k\to+\infty}\int_0^k e^{-x^2}dx$$
$$= 2\lim_{k\to+\infty} I_k = 2\sqrt{\frac{\pi}{4}} = \sqrt{\pi}$$

が得られます.

平均 μ で分散 σ^2 の正規分布の密度関数は

$$f(x;\mu,\sigma^2)=\frac{1}{\sigma\sqrt{2\pi}}e^{-\frac{1}{2}\left(\frac{x-\mu}{\sigma}\right)^2}$$

で与えられますが，上の結果と $y=(x-\mu)/\sqrt{2}\sigma$ なる変数変換によって

$$\begin{aligned}\int_{-\infty}^{+\infty} f(x;\mu,\sigma^2)dx &= \frac{1}{\sigma\sqrt{2\pi}}\int_{-\infty}^{+\infty} e^{-\frac{1}{2}\left(\frac{x-\mu}{\sigma}\right)^2}dx \\ &= \frac{1}{\sqrt{\pi}}\int_{-\infty}^{+\infty} e^{-y^2}dy=1\end{aligned}$$

となることがわかります．確かに密度関数になっています．

問 題 の 解 答

問題 1·1·1　a と a' がともに $A \subseteq \mathbb{R}$ の最大値であるとすると，$a, a' \in A$ から $a' \leq a$ と $a \leq a'$ が成り立ちますので，$a = a'$ が得られます．

問題 1·1·2　β が A の下限であるとは $\forall x \in A\, x \geq \beta$ と $\forall \varepsilon > 0\, \exists a(\varepsilon) \in A : \beta + \varepsilon > a(\varepsilon)$ です．

問題 1·2·5　必要性は “集積” の名称の理由を説明した箇所ですでに示しました．十分性は $U(\boldsymbol{a};\delta) \cap A$ が無限集合なら $U(\boldsymbol{a};\delta) \cap A$ は空集合ではないので，明らかです．

問題 1·2·7　一般に $A \subseteq A \cup B$ と閉包の単調性から $\bar{A} \subseteq \overline{A \cup B}$ で，よって $\bar{A} \cup \bar{B} \subseteq \overline{A \cup B}$ です．一方，$\boldsymbol{x} \notin \bar{A}$ と仮定するとある $\delta_1 > 0$ で $U(\boldsymbol{x};\delta_1) \cap A = \emptyset$ となり，さらに $\boldsymbol{x} \notin \bar{B}$ と仮定するとある $\delta_2 > 0$ で $U(\boldsymbol{x};\delta_2) \cap B = \emptyset$ となりますので $\delta = \min\{\delta_1, \delta_2\}$ で $U(\boldsymbol{x};\delta) \cap (A \cup B) = \emptyset$ となり，$\boldsymbol{x} \notin \overline{A \cup B}$ が得られます．よって $\bar{A} \cup \bar{B} \supseteq \overline{A \cup B}$ でもあります．ただし一般に $\bigcup_{k=1}^{\infty} \bar{A}_k = \overline{\bigcup_{k=1}^{\infty} A_k}$ は成り立ちません．たとえば $A_k = \{1/k\}$ とすれば $\bar{A}_k = \{1/k\}$ ですから $\bigcup_{k=1}^{\infty} \bar{A}_k = \{1/k \mid k \in \mathbb{N}\}$ で，これは原点を含みませんが，$\overline{\bigcup_{k=1}^{\infty} A_k}$ は原点を含みます．

また，$A = [-1, 0), B = (0, 1]$ を考えれば $\overline{A \cap B} = \bar{\emptyset} = \emptyset$ ですが，$\bar{A} \cap \bar{B} = [-1, 0] \cap [0, 1] = \{0\}$ となります．

問題 1·2·10　どの自然数 k についても $\{x \mid x \in \mathbb{R}, 0 < x \leq 1\} \subseteq A_k$ ですから $\{x \mid x \in \mathbb{R}, 0 < x \leq 1\} \subseteq \bigcap_{k=1}^{\infty} A_k$ は明らかです．一方 $x > 1$ なる任意の x に対して $1 + 1/k < x$ となる自然数 k が存在し，$x \notin A_k$ がわかりますから，$\{x \mid x \in \mathbb{R}, 0 < x \leq 1\} \supseteq \bigcap_{k=1}^{\infty} A_k$ です．よって等号が成り立つことがわかります．

問題 1·2·18　点列の収束から，任意の $\varepsilon > 0$ に対して $k \geq K(\varepsilon)$ なら $\boldsymbol{a}_k \in U(\boldsymbol{a};\varepsilon)$ と

なる $K(\varepsilon)$ が存在します．一方，部分点列の定義から $i \geq I$ なら $k_i \geq K(\varepsilon)$ となる I が存在しますから，部分点列も $\boldsymbol{a}$ に収束します．

問題 1・2・22　$\{(k-1,k+1)\times(l-1,l+1) \mid k,l\in\mathbb{Z}\}$ が $\mathbb{R}^2$ の開被覆であることは明らかです．さらに，どの格子点 (k,l) についてもその点を含んでいるものは $(k-1,k+1)\times(l-1,l+1)$ だけですから，有限の部分被覆を選び出すことができません．よって $\mathbb{R}^2$ はコンパクトではありません．

問題 1・3・5　$\delta_1<\delta_2$ なら $D\cap U^\circ(\boldsymbol{a};\delta_1)\subseteq D\cap U^\circ(\boldsymbol{a};\delta_2)$ で，ω は上限で定義されていますから単調性は明らかです．また条件 (1・7) は ω の単調性から $\forall\varepsilon>0\,\exists\delta(\varepsilon)>0: 0<\delta<\delta(\varepsilon)\Rightarrow\omega(f;D\cap U^\circ(\boldsymbol{a};\delta))<\varepsilon$ と同値ですが，これは $\lim_{\delta\to 0+}\omega(f;D\cap U^\circ(\boldsymbol{a};\delta))=0$ の定義そのものです．

問題 1・4・7　$(x,y)=(t,t)$ として $t\to 0$ を考えると $f(x,y)=f(t,t)=t^3/(t^4+t^2)=t/(t^2+1)\to 0$ となります．一方 $(x,y)=(t,t^2)$ では $f(x,y)=f(t,t^2)=t^4/(t^4+t^4)=1/2$ となりますので，$\lim_{(x,y)\to(0,0)} f(x,y)$ は存在しません．

問題 1・4・12　ヒントの不等式を使うと $|f(x,y)-f(0,0)|\leq\sqrt{|x+y|}\leq\sqrt{|x|+|y|}$ ですから，$\lim_{(x,y)\to(0,0)} f(x,y)=f(0,0)$ となり，原点で連続であることがわかります．

問題 1・5・5　$\lim_{x\to+\infty} f(x)=1$ と $\lim_{x\to-\infty} f(x)=0$ より，f による D の像 $f(D)$ は開区間 $(0,1)$ となります．

問題 2・1・1　$x>0$ なら $f(x,y)=\sqrt{x|y|}=\sqrt{|y|}\sqrt{x}$ ですから $f_x(x,y)=\sqrt{|y|}/2\sqrt{x}$ となり，$x<0$ なら $f(x,y)=\sqrt{-x|y|}=\sqrt{|y|}\sqrt{-x}$ ですから $f_x(x,y)=-\sqrt{|y|}/2\sqrt{x}$ となります．$x=0$ なら

$$f_x(0,y)=\lim_{h\to 0}\frac{f(h,y)-f(0,y)}{h}=\lim_{h\to 0}\frac{\sqrt{|hy|}}{h}=\sqrt{|y|}\lim_{h\to 0}\frac{\sqrt{|h|}}{h}$$

ですから $y=0$ の場合は $f_x(0,0)=0$ で，$y\neq 0$ の場合は偏微分可能ではありません．

問題 2・1・6　微積分の基本定理から $f(x,y)=G(y)-G(x)$ が得られますので

$$f_x(x,y)=\frac{\partial}{\partial x}(G(y)-G(x))=-\frac{\partial}{\partial x}G(x)=-G'(x)=-g(x)$$

がわかります．同様に $f_y(x,y)=\frac{\partial}{\partial y}(G(y)-G(x))=\frac{\partial}{\partial y}G(y)=G'(y)=g(y)$ となります．

問題 2·3·9　$y=0$ なら $(f(x+h,0)-f(x,0))/h=0$ ですから $f_x(x,0)=0$ が得られます．$y\neq 0$ なら $f_x(0,y)=\lim_{h\to 0}(f(0+h,y)-f(0,y))/h=\lim_{h\to 0}(hy/(h^2+y^2))/h=1/y$ と $f_x(x,y)=y(y^2-x^2)/(x^2+y^2)^2$ が得られます．したがって $f_x(0,0)=0$ ですが $\lim_{y\to 0} f_x(0,y)$ は存在しません．

問題 2·8·7　$f_{xx}(x,y)=-8y+36x^2$，$f_{yy}(x,y)=2$，$f_{xy}(x,y)=f_{yx}(x,y)=-8x$ ですので $(x,y)=(0,0)$ でのヘッセ行列は

$$\begin{bmatrix} 0 & 0 \\ 0 & 2 \end{bmatrix}$$

となります．

問題 2·8·8　$f_x(x,y)=3x^2+6x$ と $f_y(x,y)=3y^2-6y$ より，$f_x(x,y)=f_y(x,y)=0$ を解くと，$x=0,-2, y=0,2$ を得ますので，極値となる可能性のあるのは 4 つの点 $(0,0),(0,2),(-2,0),(-2,2)$ です．また 2 階の偏導関数はそれぞれ $f_{xx}(x,y)=6x+6$，$f_{xy}(x,y)=f_{yx}(x,y)=0$，$f_{yy}(x,y)=6y-6$ です．これを使って 4 点についてヘッセ行列を計算すれば分類が完成します．下図の等高線の様子と見比べてみなさい．

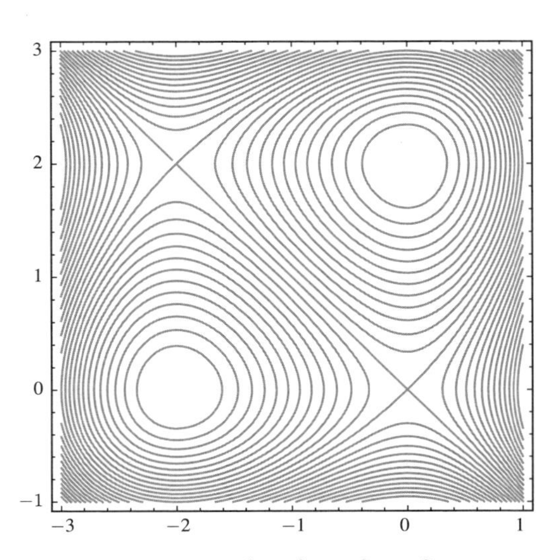

図 3・24　$f(x,y)=x^3+y^3+3x^2-3y^2$ の等高線

問題 2·8·9 $y=(1/2)x^2$ のグラフ上の点を (x,y) とし，$y=2x-7$ 上の点を (u,v) とすると，これは $(x-u)^2+(y-v)^2$ を条件 $y=(1/2)x^2$ と $v=2u-7$ の下で最小化する問題です．つまり

$$\begin{array}{ll} \text{最小化} & (x-u)^2+(y-v)^2 \\ \text{条　件} & y=(1/2)x^2 \\ & v=2u-7 \end{array}$$

です．y と v を条件から解き出して代入すると，$f(x,u)=(x-u)^2+((1/2)x^2-(2u-7))^2$ を変数 x と u に関して最小化すればよいことになります．$f_x(x,u)=f_u(x,u)=0$ を解けば解の候補が求まり，得られた解の候補をヘッセ行列によって吟味すればよいことになります．最終的に $(x,u)=(2,4)$ が得られ，それぞれの点は $(x,y)=(2,2),(u,v)=(4,1)$ となります．

問題 3·1·11 定理 3·1·10 より $I(f;E)=I(\varphi;E)+I(\psi;E)$ ですから，$I(\varphi;E)$ を求めます．$S(\varphi;\Delta)=\sum_i\sum_j M(\varphi;E_{ij})|E_{ij}|=\sum_i\sum_j M(\varphi;[x_{i-1},x_i])(x_i-x_{i-1})(y_j-y_{j-1})=\sum_i M(\varphi;[x_{i-1},x_i])(x_i-x_{i-1})\sum_j(y_j-y_{j-1})=S(\varphi;\Delta_x)(d-c)$ となります．ここで Δ_x は Δ を x 軸に制限した分割です．$s(\varphi;\Delta)$ についても同様ですので，あとは φ が積分可能であることを使えば欲しい等式が得られます．

問題 3·5·7 $0<y<1$ なる y に対して

$$\begin{aligned}\int_0^1 f(x,y)dx &= \int_0^y \frac{1}{y^2}dx-\int_y^1\frac{1}{x^2}dx \\ &= \left[\frac{x}{y^2}\right]_{x=0}^{x=y}+\left[\frac{1}{x}\right]_{x=y}^{x=1}=\frac{y-0}{y^2}+\left(\frac{1}{1}-\frac{1}{y}\right)=1\end{aligned}$$

ですから

$$\int_0^1 dy\int_0^1 f(x,y)\,dx=\int_0^1 1\,dy=1$$

となります．また同様に $0<x<1$ なる x に対して

$$\int_0^1 f(x,y)dy=-\int_0^x\frac{1}{x^2}dy+\int_x^1\frac{1}{y^2}dy=-1$$

ですから

$$\int_0^1 dx\int_0^1 f(x,y)\,dy=\int_0^1(-1)\,dx=-1$$

となります．

問題 3·7·8 任意の $B \in \mathcal{L}_A$ に対して $B \subseteq B_k$ となる B_k が存在しますから $I(f;B) \leq I(f;B_k)$ です．よって $I(f;A)=+\infty$ から $\lim_{k\to\infty} I(f;B_k)=+\infty$ が得られます．また任意の k について $I(f;B_k) \leq I(f;A)$ ですから $\lim_{k\to\infty} I(f;B_k)=+\infty$ から $I(f;A)=+\infty$ が得られます．

問題 3·9·6 $u=2x+u$，$v=x-2y$ とおいてこれを x と y について解き出すと $x=(1/5)(2u+v)$ と $y=(1/5)(u-2v)$ を得ます．よってヤコビアンは $-1/5$ となり，積分は

$$\iint_A x\,dxdy = \int_{-1}^{0} dv \int_0^1 \frac{1}{5}(2u+v)\left|-\frac{1}{5}\right| du$$

で計算できます．

参 考 図 書

本文の脚注と重複しますが，本書を書くにあたって参考にさせていただいた書籍を改めて以下に書いておきます．

- いつも手元において参考にさせていただいた本です．いずれも分量がありますが，きちんとした証明を読みたい読者にお薦めです．

  1. 杉浦光夫，"解析入門Ⅰ，Ⅱ"，東京大学出版会 (2012).
  2. 小平邦彦，"解析入門Ⅰ，Ⅱ"，岩波書店 (2006, 2004).
  3. 赤 攝也，"微分学" と "積分学"，日本評論社 (2014).

- 英文なら以下がお薦めです．

  1. Vladimir A. Zorich, "Mathematical Analysis Ⅰ", Springer-Verlag (2004).
  2. Sudhir R. Ghorpade & Balmohan V. Limaye, "A Course in Multivariable Calculus and Analysis", Springer-Verlag (2010).

- E. ハイラー，G. ヴァンナー，蟹江幸博訳，"解析教程 上・下"，シュプリンガー・ジャパン (2006) は豊富な例と巧みな語り口の楽しい本です．

索　　引

あ　行

か　行

さ　行

た　行

な　行

は　行

ま　行

や　行

ら　行

山本芳嗣（やまもと よしつぐ）
1951年 兵庫県に生まれる
1973年 名古屋工業大学工学部経営工学科 卒
1978年 慶應義塾大学大学院工学研究科
管理工学専攻博士課程 単位取得退学
現 筑波大学システム情報系 教授
専門 オペレーションズリサーチ，最適化理論
工学博士（慶應義塾大学）

第1版 第1刷 2015年11月16日 発行

基礎数学 Ⅱ. 多変数関数の微積分

著 者 山 本 芳 嗣
発行者 小 澤 美 奈 子
発 行 株式会社 東京化学同人
東京都文京区千石3丁目36-7（〒112-0011）
電話（03）3946-5311・FAX（03）3946-5317
URL：http://www.tkd-pbl.com/

印 刷 中央印刷株式会社
製 本 株式会社 松 岳 社

ISBN978-4-8079-1494-4
Printed in Japan